關於作者

周鎮亞

江蘇沭陽縣人，一九五九年生。中正理工學院畢業；師承丁師潔如先生研習周易、六壬課，從黃師奎光先生研習山川地理學。

曾任職於中山科學研究院，並於新竹市教育學會等地推廣中華文化華夏之學，現任職於APP（亞洲紙漿公司）Indah Kiat Pulp & Paper Industries,Perawang Mill,Riau-Indonesia。

超越現代的智慧結晶

周鎮亞

「農民曆」是我們中華民族祖先累積無數智慧與經驗的曆法，它有系統的啟示後代子孫，在我們生存的環境應如何認識時序，了解萬物之生長收藏，人世間行事之吉凶悔吝（註一），可說是與我們生活關係最為密切的科學寶典，歷代先祖們經數千年來的運用，使我們民族生生不息、繁衍傳承。

然近百年來，中國在西方科學革命衝擊下的痛苦掙扎過程中，很多知識分子在恨鐵不成鋼的意識裏，急於追趕上西方的物質文明，進而否定自己，連黃帝曆書也指為迷信之書。民國八年的五四運動就是一個反傳統主義的新文化運動，是破壞性大過建設性的文化革命；反傳統改革者對自己的文化不真知，就信口雌黃的批評自己的文化與傳統科技是封建、是迷信，不但迷失了自己，也毀滅了文化，這是相當令人痛心的事。

農民曆可說是祖先遺留給我們後世子孫的好朋友，它有系統，有規律的告訴

我們每日之宜忌，使我們行事順遂，避開無謂的阻礙；認識農民曆，小能分析個人的行止，進而能體認時序的啟示。

古時為政者知此天時，則可興天下利，除萬民患，所以《農民曆》一書是值得我們去了解與應用的。個人習易多年，命理、堪輿亦有師承，感《農民曆》一書含有先祖無窮的智慧與無限的愛意，又思及大多數的同胞對此歷久彌新的寶典似懂非懂，故就個人所學做一簡單的介紹，真心希望大家能使用它。然個人所學確實有限，尚祈先進予以匡正，共同發揚及傳承此用世之書。

註一：吉凶悔吝者人生之循環也。萬事詳和順遂吉也，處吉之時，人易驕縱，凡事欠謹慎，易生悔，悔而不知補過則即至凶，處凶之時欲趨吉必先收斂自己、約束自己，這就是吝，能各自自悔、改過方可趨吉，故先哲言：「無悔而（能）吝，趨吉避凶之不二法門也。」

作者說明：本書原以《教你看懂農民曆》的第一本書》為名於二〇〇二年出版，上市至今年再版，已銷售十二刷，命理學界與命理愛好者咸認為是解決一般人對農民曆一知半解、似懂非懂的最佳解惑書。為了感謝讀者的支持，特別不計成本，以精裝本方式呈現，並加入了許許多多實用的「開運小秘法」，增加本書的可讀性，希望您會喜歡。

3

教你看懂農民曆的第一本書

目錄

目錄

教你看懂農民曆的第一本書

6

教你看懂農民曆的第一本書

陰陽代表宇宙間一切動能，

陽代表由內而外，

發揮擴散，無形無體；

陰代表由外而內，

凝聚結合，成形成體

農民曆常用術語

我們要看農民曆，首先必須對農民曆中的一些術語及其所代表的意義要有基本的認識。在本章中先將常用的術語分述如下：

一、干支的陰陽

什麼是陰陽？簡單的說，陰陽代表宇宙間一切動能，陽是代表由內而外、發揮擴散無形無體的；而陰則相反，代表由外而內，凝聚結合成形成體的情狀。宇宙中有陰有陽，更有陰陽互用，這代表著宇宙間事事物物的組成是大而無外、小而無內的。

那麼干支又為什麼要分陰陽呢？這不是一個簡單的問題。我們這麼說吧，易經中的六十四卦是宇宙氣化運行的方程式，而五行、干支是宇宙氣化運行的符號、標誌，其所以分陰分陽就是代表著陽大、陰小、陽顯、陰隱……種種氣化運行上

9

消長的情態；不分陰陽，宇宙變化的情狀就無法比擬之。

天干有十：甲、乙、丙、丁、戊、己、庚、辛、壬、癸，其中甲、丙、戊、庚、壬為陽干，乙、丁、己、辛、癸為陰干。

地支有十二：子、丑、寅、卯、辰、巳、午、未、申、酉、戌、亥。其中子、寅、辰、午、申、戌為陽支，丑、亥、酉、未、卯為陰支。另十二地支所屬生肖分別為子（鼠）、丑（牛）、寅（虎）、卯（兔）、辰（龍）、巳（蛇）、午（馬）、未（羊）、申（猴）、酉（雞）、戌（狗）、亥（豬）。

二、五行

(一)五行的意義

五行者，春、夏、秋、冬之氣，流行於天地之間，循環不斷，周而復始，故謂之行，其氣有五，曰水、曰火、曰木、曰金、曰土，故謂五行。

所謂水、火、木、金、土，非指實質之水、火、木、金、土，乃太空中之氣化；惟氣不可見，但顯有濕、熱、溫、寒之別，故以實質水、火、木、金、土名之，以區別其性質與功用。

水之云水，乃指太空氣化中孕育之濕氣，凝聚成水，故為水之源頭。

火之云火，乃指太空氣化中孕育之熱氣，熱極發火，故為火之源頭。

木之云木，乃指太空氣化中孕育之溫氣，積溫成強，其硬如木，故為木之源頭。

金之云金，乃指太空氣化中孕育之寒氣，寒極則剛，其利如金，故為金之源頭。

土之云土，乃指太空氣化中孕育之中和之氣，具有濕、熱、溫、寒四者之性，但隱而不顯，為土之源頭。

陰陽二氣，孤陽不長，獨陰不生，陰陽二氣交，而化成五種性能氣化，以行

11

其作育之功，非如此，萬物無以暢其生矣。

(二) 五行的生序

取植物未成熟時之種子，加力榨之，所得僅水而已；鳥卵雞蛋等，未孵化時，為清與黃，均為水液；動物蟑螂的蛋、看毛蟲等，未孵化為成蟲時，均為水液；人未成胎時，為父精母血，亦均為水。故知最初先有水，水為滋養萬物之源，椰子成熟時，果內還藏有水，以滋養其果實。

植物的種子，必須經過陽光煦照（或加熱氣），才能發芽；卵要經母體熱孵，始能孵化成雛；人的精血，也必經母體內熱的孕育，才能成胎成兒。陽光與熱氣即是火，故知次生火。水濕涼、火熱炎、水火交而成溫，溫為木，故知再次生木。如將木榨之得水、鑽之發火，可證木為水火兩氣相交所生。

金之為物，擊之得火、熔之得水，亦為水、火兩氣相交所生，其性寒，得濕氣較木為多，故又再次生金。水、火、木、金，水濕火熱木溫金寒，各得偏一之性，中和之得、中和之性，故最後為土。

水一、火二、木三、金四、土五、是謂生數，為氣化階段；由此氣化，又復順序以成五種具有形體之氣化，以數記之，為六、七、八、九、十，是謂成數，即由氣化而成形化，謂之生生，由形化而形化，謂之相生。

(三) 五行形與色

水形圓（循環無端之意），白黑（水吸光，幽暗不明之意）；

火形尖（極於一點之意），色赤（光明之意）；

木形長（向上發展之意），色青（深遠之意）；

金形方（有盡之意），色白（散光、淺近之意）；

土形圓兼方（可循環無端，亦可有盡之意），色黃（明暗合度，遠近適中）；為五行之正色。

五行之色，隨氣化消（弱）長（強）而變易；生旺者（長生、臨官）從本色（旺氣當位，可見本色）；死絕者（死、絕、胎、養之位）從母色（死絕則氣歸根，凡人遇苦楚吟呻呼母，即歸根見母之意），形成者——由氣化成形化者（沐

浴、冠帶）從妻色（少壯之年及衰老之際，仰妻之時）；病敗者（病衰之地，鬼旺之鄉）從鬼色；旺墓者（帝旺、墓庫，旺為傳播、墓為數藏）從子色。

例如：金氣化生、旺之時，從本色為白，死絕之時從母色為黃（土生金也），形成之時從妻色為青（金剋木也），病敗之時從鬼色為赤（火剋金也），旺墓之時從子色為黑（金生水也）。

(四) 五行與四季

木溫、火熱、金涼、水冷、土兼而有之，而四季氣候，春溫暖、夏炎熱、秋涼爽、冬寒冷，暮春（三月）溫漸熱，暮夏（六月）熱中有涼，暮秋（九月）涼中含冷，暮冬（十二月）冷中有溫。其氣候情形，與五行氣化性質相似，五行木象春、火象夏、金象秋、水象冬、土象四暮月（又稱四季月），故五行氣化，可以四季象之。

(五) 五行與方位

北方陰極生寒，寒生水；南方陽極生熱，熱生火；東方陽散以泄而生風，風生木；西方陰止以收而生燥，燥生金；中央陰陽交而生溫，溫生土。故五行與方位氣化相似，水寒濕象北方，火炎熱象南方，木溫象東方，金涼象西方，土中性象中央，故五行與四方氣化相同。

(六) 五行與五臟五味

內經：「1.東方生風，風生木、木生酸、酸生肝；2.南方生熱，熱生火、火生苦、苦生心；3.中央生濕，濕生土、土生甘、甘生脾；4.西方生燥、燥生金、金生辛、辛生肺；5.北方生寒，寒生水、水生鹹、鹹生腎。」因知木味酸屬肝，火味苦屬心，土味甘屬脾，金味辛（辣）屬肺，水味鹹屬腎。

農民曆常用術語

離，說卦：「相見乎離」，大象火，象徵日麗中天，照見一切，使萬物乾燥堅實，以成其體。

震、巽，說卦：「帝出乎震、齊乎巽」，於時為春，震生萬物，巽長萬物，木溫主生長萬物，故震巽象木。

乾、兌，說卦：「說言乎兌，戰乎乾」，於時為秋，萬物收成，故皆喜悅，戰則殺之，收殺萬物，金之象也，故乾兌象金。

坤、艮，說卦：「致役乎坤，成言乎艮」，坤象地，致養萬物，艮，萬物之所成終而所成始，坤養萬物，至艮大功告成，象土任養萬物，成而復始，循環不斷。

(九) 五行與干支

水、火、木、金、土，本為陰陽兩氣複合之五種功用氣化，其性浮動，又各分為陰陽，水分壬癸，火分丙丁，木分甲乙，金分庚辛，土分戊己，以成十天干；壬、丙、甲、庚、戊表陽，癸、丁、乙、辛、己表陰，凡此先天浮動之氣化，降

17

為後天作用之氣化，是為十二地支：水分亥、子，火分巳、午，木分寅、卯，金分申、酉，土分辰、戌、丑、未。子、午、寅、申、辰、戌為陽，亥、巳、卯、酉、丑、未為陰。

就干與支關係而言，十干均為陽，十二支均為陰；就干支自身而言，干支又各分陰陽。

三、天干的合與剋

(一)天干化合

所謂合者，和順之神也，主有和合成就之喜也，蓋陰陽配合，奇偶交逮，諸事多成。

干合者：甲（陽木）與己（陰土）合化為土，為中正之合。

乙（陰木）與庚（陽金）合化為金，為仁義之合。

丙（陽火）與辛（陰金）合化為水，為威權之合。

丁（陰火）與壬（陽水）合化為木，為淫洗之合。

戊（陽土）與癸（陰水）合化為火，為無情之合。

由干合的關係我們可以知道，陰陽配合為宇宙化生之源，獨陰不生，孤陽不

長，夫妻和合，人倫之始也。

(二)天干相剋

所謂剋者，剋有裁成之功，表示世上沒有一項生物是獨立存在的，己之成就

必藉彼之支援、協助，自身亦是貢獻團體的一分子，如植物的生長必吸取土壤的

養分、水分，必在陽光的照耀下茁壯，所以木剋土。

干剋者：甲木剋戊土　　　己土剋癸水

戊土剋壬水　　　癸水剋丁火

丁火剋辛金　　　壬水剋丙火

丙火剋庚金　　　辛金剋乙木

乙木剋己土　　　庚金剋甲木

十干氣之因地變化表

癸	壬	辛	庚	丁、己	丙、戊	乙	甲	天干／地支／氣化
卯	申	子	巳	酉	寅	午	亥	長生
寅	酉	亥	午	申	卯	巳	子	沐浴
丑	戌	戌	未	未	辰	辰	丑	冠帶
子	亥	酉	申	午	巳	卯	寅	臨官
亥	子	申	酉	巳	午	寅	卯	帝旺
戌	丑	未	戌	辰	未	丑	辰	衰
酉	寅	午	亥	卯	申	子	巳	病
申	卯	巳	子	寅	酉	亥	午	死
未	辰	辰	丑	丑	戌	戌	未	墓
午	巳	卯	寅	子	亥	酉	申	絕
巳	午	寅	卯	亥	子	申	酉	胎
辰	未	丑	辰	戌	丑	未	戌	養

(三) 日干氣化消長

日干之氣化消長隨序而變動，以長生等十二神表示，茲列表及說明如下：

1. 長生：氣之初生也，猶人心之初生也，主生發。

2. 沐浴：氣之休也，猶人沐浴以去垢也，主桃花。

3. 冠帶：氣之來也，猶人穿衣戴帽，主喜慶。

4. 臨官：氣之盛也，猶人出而為仕，主發展。

5. 帝旺：氣進而當今，猶人之帝王，主保守。

6. 衰：氣變而轉弱也，猶人由壯而將老也，主衰敗。

7. 病：氣弱力少也，猶人之患病也，主疾病。

8. 死：氣已盡，後氣不斷，猶人之死也，主喪亡。

9. 墓：氣之藏也，猶人葬之於墓，主藏。

10. 絕：前氣已盡，後氣無繼，猶人之絕嗣也，主滅亡。

11. 胎：氣之肇始也，猶人在胎中，主喜兆。

12. 養：氣之將生也，猶人成兒將出生也，主福氣。

由上表得知（以甲日為例）：

長生在亥，沐浴在子，冠帶在丑，臨官在寅，帝旺在卯，衰在辰，病在巳，

21

死在午，墓在未，絕在申，胎在酉，養在戌。

四、地支的關係

(一)地支六合

支合具有對稱性，如圖所示：

子（陽水）與丑（陰土）合化為土。

寅（陽木）與亥（陰水）合化為木。

22

農民曆常用術語

卯（陰木）與戌（陽土）合化為火。

辰（陽土）與酉（陰金）合化為金。

巳（陰火）與申（陽金）合化為水。

午（陽火）與未（陰土）合化為日月。

（二）地支三合

三合的關係具有均衡性，代表事之循環，略述如下：

申、子、辰合水局，申為水之生，子為水之旺，辰為水之墓。

亥、卯、未合木局，亥為木之生，卯為木之旺，未為木之墓。

寅、午、戌合火局，寅為火之生，午為火之旺，戌為火之墓。

巳、酉、丑合金局，巳為金之生，酉為金之旺，丑為金之墓。

（三）地支相沖

沖者，動也，扞格也，凡沖皆主移動，歲、月、干、未皆不宜沖。吉神，合

23

事不宜逢沖，然凶事或事之沉寂、入墓反宜沖，不可為典要，唯變所適。

地支相沖分述如下：

子（陽水）午（陽火）相沖，丑（陰土）未（陰土）相沖。

寅（陽木）申（陽金）相沖，卯（陰木）酉（陰金）相沖。

辰（陽土）戌（陽土）相沖，巳（陰火）亥（陰水）相沖。

沖與剋不同，剋有利己損人、利人損己之分別，而沖則是兩敗俱傷，事之吉凶皆散，故其影響較為明顯、嚴重。

㈣地支相破

破者散也，移也，事多不美，有所損傷也。陽日與後四辰（辰者地支也）相破（巳過之謂後），陰日與前四辰相破（未至之謂前）。茲分述如下：

子為陽日逆推四辰（含本身）為酉，故子與酉相破。

丑為陰日順佈四辰為辰，故丑與辰相破。

寅為陽日逆推四辰為亥，故寅與亥相破。

卯為陰日順佈四辰為午，故卯與午相破。

巳為陰日順佈四辰為申，故巳與申相破。

(五) 地支相害

害者，阻也，鬥也；害者又曰穿，多害剋損骨肉六親。十二地支上下相對為害，茲分述如下：

如右圖所示：子未相害，丑午相害，寅巳相害。

卯辰相害，申亥相害，酉戌相害。

(六) 地支相刑

刑者，傷也，殘也，事之損也，事極而損傷也。合中有刑，猶如夫婦反目，竟失倡隨之義；刑又分三類：

1. 互刑：互刑者，施恩防怨，怨由恩生，無禮無義，大蕩小淫。如子刑卯、卯刑子為無禮之刑。

2. 朋刑：朋刑者，各有立場，利害不一，無情無恩，威凌勢挾。如未刑丑、丑刑戌，戌刑未為持勢之刑。寅刑巳，巳刑申，申刑寅，為無恩之刑。

3. 自刑：自刑者，自逞自作，自暴自棄，不會善待自己，必致失敗。如辰、午、酉、亥為自刑之地支也。

(七) 地支相互關係表：

茲將上述各項地支之刑、沖、破、害、三合、支合列表參用。

◎刑沖破害三合支合一覽表

亥	戌	酉	申	未	午	巳	辰	卯	寅	丑	子	
		破	三合	害	沖		三合	刑		合		子
	刑	三合		刑沖	害	三合	破				合	丑
合破	三合		刑沖		三合	刑剋						寅
三合	合	沖		三合	破		害				刑	卯
	沖	合	三合				刑	害		破	三合	辰
沖		三合	刑破						刑害	三合		巳
	三合			合	刑			破	三合	害	沖	午
三合	刑破				合			三合		刑沖	害	未
害						刑破	三合		刑沖		三合	申
	害	刑				三合	合	沖		三合	破	酉
		害		刑破	三合		沖	合	三合	刑		戌
刑			害	三合		沖		三合	合破			亥

五、易經與河圖洛書概述

(一)易經名「易」的意義

「易」，上日下月，以日月成字，古時日字寫法為⊙，月字寫法為☽或☲。把易字照古法寫出為☉或☲，稍變一下為☯，再變就成為現在寫法的「易」。

說文：「日月為易，象陰陽也」；參同契：「日月為易，剛柔相當」；虞仲翔註：「易字從日下月」。根據這些解釋，都是說「易」字，取象日月，日月情形，日出月落，每天都是這樣變換，幾千年來，都是一樣。日出月落，天氣是光明，叫作晝，易經叫作陽；月出日落，天氣便黑暗，叫作夜，易經叫作陰。日月往來，晝夜交替，這是變易（情形變了）；雖然變了，總是日月互換，晝夜互替，是不變的。所以「易」包括變易與不易（不變）兩個意義。變易是現象，不易是法則，用不易的法則，去研究變易的現象，是易經的主要目的，我們

29

要學易，目的也在此。

(二) 易經內容

易經內容，經文中有詳盡說明；孔子贊易，在繫辭中也有綜合解釋。還未讀易經與易傳之前，無法引用作具體說明，只能先作簡要觀念上的介紹。用孔子繫辭說：

「易之為書也，廣大悉備，有天道焉，有人道焉，有地道焉。」

由這段話看來，易經，是談天、說地、論人的學問。天、地、人都在研究範圍之內，世間一切萬物都包括在內，真是範圍廣大，是研究天、地、人大學問的書。

再看外國人對易經的說法，歐洲有位權威心理學家爵恩氏（C.G.Jung）為德人衛理賢（Richard Wilhelm）及美人柏仁斯（Cary F.Boynes）釋解之周易作序言，「若曰人類世界有智慧可言，則中國易經，即為唯一之智慧寶典。吾人在科學方面所得之定律，十九皆為短命者，而易經沿數千年之上，而與近日原子物理

30

學，頗多類似之處。」（該書於一九四九年出版）

從上面中西兩位大學問家，對易經的說明和評語來看，易經包括了一切學問在內，是智慧的寶典、文化的源泉。吾人若想在智慧與文化上求得進益，不管是學什麼學問，易經這部書，都非讀不可。

(三) 易經作者

易經有三種，連山、歸藏與周易。「連山」傳為夏易，「歸藏」傳為商易，今已散失，無可稽考；現在流傳的是周易，周易是三聖的集體創作。

(1)伏羲氏作爻畫卦。

(2)文王作爻象辭。（即是卦辭）

(3)周公作爻辭。

最初伏羲氏作爻畫卦，表示萬物體象與變化法則，很少人能明白：後來文王演易，把每卦的含意，大要說明出來，叫作象辭，通稱卦辭，但卦分有六爻，是什麼意義，也難懂得；最後，周公又把每卦的爻，分別說明，叫作爻辭。卦、象

31

辭與爻辭三者，稱為易經，就是易經的本文。

(四) **易經與易傳**

經，南北的大道曰經，不變的道理，也叫作經，就是真理。經書，就是講真理的書

傳，布也，述也，賢人之書曰傳，是解釋經文的書，統名曰傳書，也稱為緯書。

易傳，凡是解釋易經經文的書，都稱為易傳，如孔子作的十翼，也稱為易傳。

易經、易傳應該分清楚，不容混為一談。

(五) **十翼**

十翼是書名，孔子作的，解釋易經經義的書，也指出學易的門徑。後人學易，均宗十翼說法，是學易的人必先讀的傳書。有了基本觀念再去讀易，才能摸

到頭緒。

十翼包括繫辭上、下各一篇，文言上、下各一篇，大象、小象、彖傳、說卦、序卦、雜卦各一篇，共為十篇。（也有大小象合為一篇的。）

(1)繫辭：對易經經義綜合的說明。

(2)文言：專論乾、坤兩卦的綱領（其他各卦沒有）。

(3)彖傳：分釋各卦卦辭的意義，統論一卦之體，明其所由之主。

(4)大象：引伸卦的象義。

(5)小象：引伸爻的象義。

(6)說卦：列舉八卦的卦象。

(7)序卦：說明各卦發生的程序與銜接的次序。

(8)雜卦：解釋各卦的卦義，闡述各卦的特性。

翼，是鳥的翅膀，鳥有翅膀，才能起飛。易經很難明白，有了孔子十翼解說，後人才知道讀易方法，了解經義；流傳後世，猶鳥之有翼，才能高飛久遠。

(六) 易經重點

前面易經內容已經講過，易經是研究天地間萬有現象的學問。天地間萬有現象，都從哪裏來的呢？易經認為最初都是一氣所化（由氣生的。詳見氣化說），所以易經以氣化設說立論。氣，是看不見的，只是由感官感覺有它存在，如用鼻呼吸，感覺有物出入，用手揮空，則覺有物阻攔，這個物，俗稱為氣。

氣既看不見，如何去研究呢？氣雖看不見，但是我們感覺冷、熱、燥、濕、動靜，總有徵兆顯現出來，這種徵兆，易經稱為「象」，先儒叫作「氣象」。顯現出來的象，不免有強弱、大小、長短的差別，這種差別，易經稱之為「數」，就是先儒所謂的「氣數」。

氣的運行，春溫暖，夏燥熱，秋涼爽，冬寒濕，並非漫無軌道，而是有一定軌道支配其運行，這些軌道，就是法則，易經稱之為「理」，就是先儒所謂的「理氣」。所以易經研究萬有現象，追本溯源，從氣化著手，以「象」、「理」、「數」為綱領，象以擬之，數以定之，理以證之，以探討氣化之變化，故學易者，

34

要從象、數、理三者去領會，才會領悟出真理的精髓，進而應用到做人治事上去，就是所說天人合一的道理。

聖人立言留書，恐怕書不盡言，而言又不盡意，故又立象以擬之，讓後人去體會未能說出的其中含意，可見聖人教導的苦心了。

有人以為易經乃卜筮之書，江湖搖卦算命的術士，都以易經斷卦推命；古時更設有卜筮之官，國家遇有大事，也用易經占卜吉凶。這是怎麼回事呢？

因為易經包括太廣，有各種推理方法，來研究宇宙萬有現象，於是卜筮之官與江湖術士，把易經的推理方法，引用到占斷上面，以為卜筮的根據。卜筮用易理推斷，是易經最小的應用，並非易經就是專門研究卜筮的書。

請看大部頭書目編次，如《永樂大典》、《四庫全書》、《圖書集成》等書，都把易經列為群經之首。若是卜筮之書，只能列入藝術部門，哪能列為首經呢？

孔子是聖人，為萬世師表，刪詩書、制禮樂、作春秋，獨對易經曰：「假我數年，可以學易矣」。詩書可以刪，禮樂可以著，春秋可以作，獨對易經曰

「學」，若是卜筮之書，還值得聖人去學嗎？當然是大學問的書，所以聖人也要去學。

(七)氣化說

天地混沌，鴻濛無朕，大氣茫茫，空無所有。而從混沌中，元陽始動，天根甫萌其微，斯時也，太空中雖未光明大顯，但清輕之氣上浮，重濁之氣下降，而有辰星月日，天象已現其端，故曰天開於子，即是最初先有天。

由是，經清重兩氣之運轉，其氣凝聚固實者，以成土名，其氣之濕潤燥烈者，以成水火。於是水火土石，地象已具其形，斯時也，維猶幽暗，漸露曙光，而坤德之地，安貞自養，承天時行，故曰地闢於丑，即是再次有地。

天地既定，萬物斯生，無者有而暗者明。先則飛、潛、走、植，其所自來，不經胎卵，不經核實，而皆化之以氣，故名氣化，即所謂「天地絪縕萬物化醇」是也。

繼則飛、潛、走、植，漸以繁衍，非經胎卵，必經核實，而皆化之以形，即

所謂男女媾精，萬物化生是也。

氣形之後，化而無窮，人類即於此會，奠其始基，故曰最後生人，或曰最後生物，即所謂物生於寅。

天地絪縕，陰陽首交，而物以氣化，男女媾精，雌雄尾接，而物以形化矣。

形能奪氣，物既形成，專以形化，而氣不復化，亦致一之道也。是故天下之物，其最初所生者，無不以氣化，天地始合也，天地終合，萬物畢具，形成名立，氣為形奪，而氣化者少矣。然終則復始，氣化之流行，仍無少異，即氣化之用，終不可絕，不但形之微者，仍歸氣化，如無骨之蟲類是也。即形化者，亦或感於氣，而脫化而變化，如雀化蛤，魚化雁，生生化化，宇宙萬象，神妙莫測。

易經序卦傳：「有天地，然後萬物生焉，盈天地之間者唯萬物。」那麼天地間的萬物，都從哪來的呢？易經氣化說認為，分兩個階段生出來的：

一、由氣化而形化

最初都是一氣所化，亦即最初都是由氣生出來的。乍聽起來真是笑話，當然，誰都不知道從哪來的。根據易經啟示，研究問題的方法「原始要終」，即是

從現（終）往前追究，前就是始，也就是最初。現在我們用它的方法來研究一下，看看它說的有無道理。

(1)煮水至沸，水都化成氣，把氣藏於器，冷後，器中氣又凝為水，這個現象，很明顯說明水是由氣生的。水化氣，氣復成水，化學稱這種現象為可逆反應。

(2)化學中有一種元素叫「碘」，是固體東西，加熱後蒸氣，就變成氣。收氣於器，冷凝後，又成固體的碘，與水一樣，也有可逆反應。水是由液體變成氣，碘是由固體不經液體直接化成氣，這種現象化學名為昇華；碘由固體加熱化氣，也很明顯說明碘是由氣生的。

(3)樹死棄置地上，久而久之，均化烏有，枝葉等都化作氣，散返空中。因為氣不可見，引不起人的注意，也沒有像水、碘那樣有可逆反應，能集氣又成樹。

(4)人死火化，百餘斤屍體火化後，僅餘五六斤骨灰，臟、腑、血、肉，都化氣散返空中。所餘骨灰不化，以火候不足，若足其火候（即科學所謂熔解

38

點）亦必火化成氣而無餘。樹不能集氣而成，人更無法集氣成人，凡可燃

燒之物，燃燒後，均化氣散入太空，可為例證。

二、由形化而形化

物既成形，則由形化而形化，氣不復化，即現所謂遺傳是

也。而「遺傳學說」謂一切萬物均由父母遺傳而來，事證昭昭，無由否認。但追

本溯源，既由父母遺傳而來，則最初之父母，又由何來？至今尚無可定之說。

易之萬物，最初皆由一氣所化，何以氣不復化？因氣都變成形，氣少了，所

以氣化也少了。雖不復化，但氣化並未停止。如米腐生蟲，木腐生苔，牙蛀生蟲，

以及不可見之菌類，簡單低級之物，仍由氣化而生。

米腐生蟲之前，必先發熱，由熱氣孕育後生蟲，木腐生苔必經潮濕，由濕氣

孕育後而生苔，牙蛀為何生蟲，醫學上尚不知其由。凡此種種，均與氣有關。受

氣而化。故物雖然由形化，而氣化之機，並未停止，只是少了，氣化也屬於簡單

低級之物。

(八) 氣的意義

氣是什麼東西?很難解釋的,在日常談話裏,常常談到空氣、毒氣、香氣、臭氣,化學書裏有氣氧、氫氣、氮氣、碳氣等,如果只單提到氣,便不知道了。

氣在現在科學領域裏,認為是自然之物,尚無定義。似乎科學家也不注意它的存在與重要性,人們也只在感官上的感覺它的存在。但感官上雖覺得有,視覺上卻看不見,也不知道究竟有多少。

(九) 氣的重要性

乾硬的饅頭,很容易自行裂開;蒸過之後,就會軟綿綿黏在一塊,要想撕下一塊,必須用力,因為裏面藏有氣,與乾硬的大不相同。一個皮球沒有氣時,跳不起來,加入氣後,便能跳得很高,拍打時,裏面還會發出金石般的聲音。一輛汽車,輪胎內無氣,不但走不動,連車身重量都支持不住;輪胎內加入氣後,汽車便被架起來,走起來,風馳電掣,快得不得了。蒸氣機的火車頭,鍋爐裏的水

蒸發成氣，便能帶動很重的東西，走得很快很遠。

氣對物體的重要性，像上項事例很多，在我們日常生活裏，到處可見，人們習以為常，反倒引不起注意與重視。這還算小可之事，再看氣對人與動物的關係，更令人驚異咋舌。人與動物，如果幾分鐘內不呼吸空氣便死了；死了沒有氣，屍體便會腐爛，活著的人與動物，因為有氣，就不腐爛，還會生長。

練氣的人，運起氣來棍棒打在身上，也毫無所傷，甚至用力，也砍不破皮。更奇怪的是修道的人，就是練氣，把氣修到很高的功夫時，有六通的神通，玄妙莫測，不可思議。當然我們沒見過，不知道有無，不過在台灣有兩個和尚圓寂後屍體不腐，報紙也刊登過，一位是慈航法師，一位是清嚴法師。醫學家說不出道理，科學家也不知所以然。

一般大醫院都有加護病房，當病人狀況危險，臨近死亡邊緣時，便送到加護病房，戴上氣氧罩，甚或用強力機器輸送氧氣給病人，病人就會延長生命，短暫期間不死。氧氣也屬氣之一種，氣能活命，不能治病，不無可研之處。氣對於人物的重要性，可以說，有之則生，無之則死，其重要雖如此，但並不為人所注意，醫學家只在死人屍體解剖上用工夫，不向活人的氣上去研究。因此，現在只有中

41

醫談氣，西醫卻視為沒道理、不科學；科學家雖致力於其他方面很有成就，但對氣尚未有重大發現。說句笑話，也許將來會成為事實：如果科學家能夠控制氣，用到戰爭上，把敵人領空的空氣加以變化，人沒有氣呼吸，敵國的人民，在人不知、鬼不覺的情況下，便都死光了。果真有這麼一天，氣不是比什麼武器都厲害嗎？誰還敢戰爭，不樂和平，到那時，科學本身，只怕也要發生革命吧！

(十)太極、陰陽

太空之中，最初一無所有，此種空無所有之狀態，經過漫長時間，漸漸孕育而現出一點最初之氣化，此最初一點之氣化，無以名之，強名曰太極。太者大也，極者至也，至大至極之意，以現代名詞言之，即所謂生元、生化之元，萬物之本。

（極者，至極而無對之稱，極而曰太，更無有並而尚之者。）

由此一點最初之氣化，發而為性質對立之兩種氣流。一種可以發光發熱，而無重量，其為性也，向外放射，名曰陽氣，即輕清之氣，上浮於天。一種可以冷凝，成形成體，而有重量，其為性也，向內凝聚，名曰陰氣，即重濁之氣，下凝，為地。

農民曆常用術語

陰陽二氣，謂之二儀，儀者容也，天地初見其容，尚難以盡化育萬物之功，猶人雖有男女，若不結婚，尚難生兒育女，但一切化育，均由此陰陽二氣所生。

陰陽者，對待之意也，以天道言，曰日月，曰寒暑，曰晝夜；以地道言，曰剛柔，曰山澤，曰水火；以人道言，曰男女，曰夫婦，曰仁義，無非對待之意；

天地間萬有現象，大概分門別類，用陰陽二字區分，都可以概括了。

太　極　圖

其一

最初氣化
無所有，現出一點
表示太空中一

其二

表示太極蘊藏
有陰陽兩儀
陽儀為白
陰儀為黑

兩　儀

陽放射

陰凝聚

43

(土) **太極**

極者，至極而無對之稱，極既無對，而益之曰太，則更無可以並之而尚之者

矣。是以太極者，玄乎天地之先，超乎陰陽之上，非言詞擬議所可形容，蓋狀之

以言則有聲，有聲非太極也，擬之以形則有象，有象亦非太極也，詩曰上天之載，

無聲無臭，庶或似之。

由太極發而為陰陽兩氣，易謂之太極生兩儀，太極為最初一點氣化，陰陽不

分，渾淪一氣。至於兩儀，則陰陽分明，各自發展，由太極之一點，伸長為一畫，

即由點而線，表示經過發展，而生變化，其陽儀伸長而相連，連而為一，以明其

為奇，陰儀伸長而為兩段，斷而為兩，以明其為偶，以圖表示如次：

兩儀圖：

陽儀圖

陰儀圖

㈩兩儀生四象，四象生八卦

陰陽兩儀，雖然分明，天地不過初見其容，還未十分分明；俟陰陽兩氣各自

發展至相當程度，其本身已經成熟，便進而複合。陽儀有感，而複一陽於上，是

謂太陽；陰儀有感，而複一陽於上，是謂少陽；陽儀有感，而複一陰於上，是謂

少陰；陰儀有感，而複一陰於上，是謂太陰。太陽、少陰、少陽、太陰，謂之四

象。易謂兩儀生四象，所謂象，已有昭昭形跡可見，圖如次：

太陽

少陰

少陽

太陰

四象，表示兩儀初步複合情況，為其自身，以求發展，尚難以言作用。

四象又進一步演進而為八卦，則已成為作用之氣化，即由太陽之上，再覆一

陽，是謂乾卦，居其一；太陽之上，再覆一陰，是謂兌卦，居其二；少陰之上，

再覆一陽，是謂離卦，居其三；少陰之上，再覆一陰，是謂震卦，居其四；少陽

之上，再覆一陽，是謂巽卦，居其五；少陽之上，再覆一陰，是謂坎卦，居其六；

太陰之上，再覆一陽，是謂艮卦，居其七；太陰之上，再覆一陰，是謂坤卦。乾、

兌、離、震、巽、坎、艮、坤，謂之八卦，由四象所衍成，易謂四象生八卦。八

卦圖如次：

乾　兌

離　震

巽　坎

艮　坤

由太極而兩儀，兩儀生四象，四象生八卦，經此三度複合，氣化由生而旺，

由旺而壯，由壯而形，形具體成，進而再行複合，則生化之用備矣，是以八卦成

而萬物之構造最高法則，於以確立，運行之最高法則，隨之而定。

㈢河圖洛書

繫辭曰：「河出圖，洛出書，聖人則之。」漢書五行志：「伏羲氏繼天而畫之，八卦是也。」「禹治洪水，錫洛書而陳之，洪範是也，聖人行其道而寶其真。」河圖洛書，相為經緯，八卦、九章，相為表裏……」河圖洛書之見於經傳者如此，而其內容如何，則無可考。

一六居北為水　太陰

二七居南為火　太陽

三八居東為木　少陰

四九居西為金　太陽

五十居中為土　太極

河　　　圖

河圖一六居北，二七居南，三八居東，四九居西，五十居中，恰與繫辭天一、地二、天三、地四、天五、地六、天七、地八、天九、地十之數相符；天數二十有五，地數三十，天地之數，五十有五，分列內外；一、二、三、四、五列內，是為生數，六、七、八、九、十列外，是為成數。

所謂生數，尚屬於先天情況，即初生之氣，當現象發生之初而動應之數，故在內隱而難知，即氣不可見；所謂成數，已發展至後天階段，即氣聚成形，正現象完成之際，而為靜態之數，故在外顯而易見，即氣聚成形有形之可見。

洛　書

一九合十居正

二八合十居維

三七合十居正

四六合十居維

五獨居中

洛書一九相對而居南北，三七相對而居東西，二八相對而居西南與東北，四六相對而居西北與東南，五則獨自居中，而不及於十，其數僅四十有五，以分佈於四正四維（隅）之八方；一、三、七、九佈於四正，即奇數居正，二、四、六、八佈於四維，即偶數居隅，五居中，交互四正四隅之奇偶。

河圖除居中之五與十外，其屬於陽的奇數一、三、七、九之排列，是由一至三，由七至九，順而左行；其屬於陰的隅數四、二、八、六之排列，是由四至二，由八至六，逆而右行。奇數之所以順乃基於陽的性能，向外擴散，故一則擴展而至於三、七而至於九；偶數之所以逆，乃基於陰之性能，向內收斂，故四縮為二、八縮為六。

洛書除居中之五外，其四正四隅排列之數，皆首尾銜接。如正北之一，與西北之六，合而為七，居於正西者，亦即為七；正西之七，與西南之二，合而為九，居於正南者，亦即為九；正南之九，與東南之四，合而為十三，居於正東者，亦即為三；正東之三，與東北之八，合而為十一，居於正北者，亦即為一；河圖之數，分陰陽順逆，在明對待之體，洛書之數，依次序循環，在明流行之用。

河圖未分之正方圖

五十五為 ○
五十四為 ●

河圖未分之三角圖

水○─一坤
火○─二巽
木○─三離
金○─四兌
土○─五居中
水○─六艮
火○─七坎
木○─八震
金○─九乾
土○─十中

甲乙丙丁戊己庚辛壬癸
五十五（○）點
五十四（△）冪

河圖數為五十五，洛書數為四十五，兩數雖不同，合之則為一百。如以一百之數，列成正方圖形，由對角線中分，一得五十五，一得四十五。又以十個點數，排成三角形，如計其點數，則適為五十五，而計其冪（兩點間的空），則適為四十五.；由是觀之，河圖與洛書之數，合之為一體，分之為二，圖如次：

河圖與洛書，初視之，似屬無關，實則不然。由於體用的關係，洛書之數，原係由河圖而來，圖之橫列為九、四、三、八，即書之左方九、四、三、八；圖之縱列二、七、六、一，即書之右方二、七、六、一，方位雖異，數卻相同。其不同者，圖數有十，而書止乎九，此蓋以圖為體，書為用，體不變而用變也。

教你看懂農民曆的第一本書

洛書佈先天八卦圖

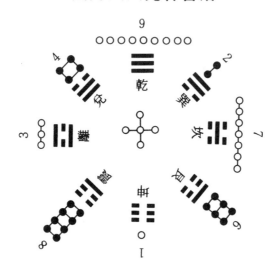

先天八卦配洛書數

陽道主變
以進為極
故
乾9震8
坎7艮6
陰道主化
以退為極
故
離3兌4
坤1巽2

坤 艮 坎 巽　震 離 兌 乾
1　6　7　2　8　3　4　9

10
10
10
10

5居中配對

成數9876為陽
生數1234為陰

52

圖卦八天後佈書洛

| 坤 | 艮 | 坎 | 巽 | 震 | 離 | 兌 | 乾 | 後天八卦配洛書數 |
| 2 | 8 | 1 | 4 | 3 | 9 | 7 | 6 | |

5居中

教你看懂農民曆的第一本書

農曆又名黃曆，

相傳是由黃帝所創制，

依據地球繞太陽一周為一年，

以月球繞地球一周為一月，

地球自轉一周為一日……

國曆 一月（大）日一卅　開國紀念日 ⑨

農曆 十一月（大）②

右側節氣欄 ⑭

自十一月廿四日亥時四九分
至十二月廿四日巳時三一分
乙為丑月
月煞東方

人胎神　占房床
豬胎神　占房床
羊胎神　占碓磨棧
牛胎神　占廚灶　占碓磨棧
羊胎神　占床房

小寒（中欄 ③⑩）

小寒（交小寒十二月令）
日出上午六點四一分
都城亥時廿一點五分
臺灣亥時廿一點四九分
日入下午五點十九分

斗指戊為小寒，冬至後天氣清高尚未大冷故名小寒，時……
總得我堆◎（朔日西風六畜災、棉絲五穀）

種植
北部：茶頭、皇帝豆
中部：西瓜、石刁柏
南部：莉瓜、茄子菜、金瓜

漁撈
蘇澳：梳齒、釘鮸
淡水：刺鯧魚
澎湖：沙魚、狗母、龍蝦

主曆表

國曆①	星期	備註	農曆	干支（納音）⑪⑫	九星④	宿⑤	建除⑬	宜 忌 ⑭
一日	星期三	開國紀念日	二十	丁亥（土）	六白	女	閉	宜祭祀、沐浴、問名、訂盟、納采、結婚、裁衣、合帳、安香、修倉庫。
二日	星期二	歲月德　楊公忌	廿一	戊子（火）	七赤	虛	建	宜裁衣、開市、交易、納財、安香、結婚、動土、蓋房、合壽木、起基、針灸、除服、移柩、安葬、修墳。
三日	星期一	六畜肥日	廿二	己丑（火）	八白	危	除	宜祭祀、開光、塑繪、出行、問名、訂盟、納采、修造、結婚、嫁娶、合帳、安床、蓋屋、合脊。
四日	星期日	六畜肥日	廿三	庚寅（木）	九紫	室	滿	宜合帳、開光、塑繪、進人口、出行、交易、納財、安香、出行、針灸、裁衣、冠笄、安葬、修墳。
五日	星期三	麒麟日	廿四	辛卯（木）	一白	壁	平	宜祀、開市、立券、交易、作染◎不宜動土、平基、放水。
六日	星期六	六畜瘦日	廿五	壬辰（水）	二黑	奎	平	宜祭祀、平治道塗◎不宜蓋屋、合脊、放水、作灶、穿井、哭泣。
七日	星期五	歲德合　六畜肥日	廿六	癸巳（水）	三碧	婁	定	宜祭祀、破屋壞垣、解除◎月破大耗最為不吉，凡事少取。
八日	星期六	修灶凶日　六畜肥日　董公佛祖佛誕	廿七	甲午（金）	四綠	胃	執	宜結婚姻、開光、塑繪、求嗣、祈福、求財、入宅、移徙、求嗣、入宅、移徙、入宅、動土。
九日	星期日	鳳凰日　刀砧日	廿八	乙未（金）	五黃	昴	破	宜祭祀、開光、塑繪、求嗣、齋醮、入學、赴舉、入殮、給由、出行。
十日	星期一	六畜瘦日	廿九	丙申（火）	六白	畢	危	宜訂盟、納采、結婚姻、出火、放水、祈福、求嗣、齋醮、移徙、入宅、問名、訂盟、造船寨、啟鑽、修墳。
十一日	星期二	六畜肥日	三十	丁酉（火）	七赤	觜	成	宜祭祀、入殮、移柩、啟鑽、修墳。
十二日	星期三	歲月德（農曆十二月小 初一）歲月德	十二月小 初一	戊戌（木）	八白	參	收	宜祭祀、齋醮、納財◎不宜作灶、造船、受田、牧養、納畜、破土、安葬。
十三日	星期四	六畜瘦日	初二	己亥（木）	九紫	井	開	宜祭祀、祈福、求嗣、齋醮、上樑。
十四日	星期五	六畜瘦日	初三	庚子（土）	一白	鬼	閉	宜祭祀、祈福、求嗣、安床、立券、交易、納財、齋醮、上樑。
十五日	星期六	針灸吉　六畜肥日	初四	辛丑（土）	二黑	柳	建	宜祭祀、解除◎正紅紗大凶不吉，凡事少取。

底列（年齡沖煞⑥／胎神占方⑦／吉時⑧）

國曆	沖煞／歲煞方位／年齡 ⑥	胎神占方 ⑦	每日吉時 ⑧
一日	沖蛇　歲煞西　48	倉庫床外正北	辰卯
二日	沖馬　歲煞南　47	房床栖外正北	巳寅
三日	沖羊　歲煞東　46	占門廁外正北	巳寅
四日	沖猴　歲煞北　45	碓磨爐外正北	午丑
五日	沖雞　歲煞西　44	廚灶門外正北	午丑
六日	沖狗　歲煞南　48	倉庫栖外正北	卯寅
七日	沖豬　歲煞東　47	占房床外正北	巳寅
八日	沖鼠　歲煞北　46	占門碓外西北	辰寅
九日	沖牛　歲煞西　45	碓磨廁外西北	卯寅
十日	沖虎　歲煞南　44	廚灶爐外西北	丑寅
十一日	沖兔　歲煞東　43	倉庫門外西北	卯子
十二日	沖龍　歲煞北　42	房床栖外西北	巳卯
十三日	沖蛇　歲煞西　41	占門廁外西北	丑辰
十四日	沖馬　歲煞南　40	碓磨爐外西南	丑子
十五日	沖羊　歲煞東　39	廚灶門外西南	巳丑

太歲甲戌年

干支屬木土　納音屬火

歲干　國逢　歲支　國戊

歲名醬廣歲名

⑮

⑯

太歲德甲　己

宜修造取土

猿水　參

值年

烏月　翠

管局逢 亥辰

日　筭

宿爲

伏暗
斷金空

《大利東西不利北方》

六白　一白

一白　午　丙

甲　乙

（八卦羅盤圖）

---

⑳

天敬人吉

| 十一月初二甲子日 | 八月二十六戊申日 | 五月十九戊午日 | 三月廿二甲戌日 | 三月十二戊寅日 | 正月十二戊寅日 |

土王用事

| 三月初二戊戌日 | 六月廿一丁未日 | 九月十二丁卯日 | 十二月十七戊申日 |

開市營商開工吉日

三月十二己未巳時
二月廿三乙巳巳時
二月廿一癸卯巳時
正月廿七己酉巳時
正月十三乙未巳時
正月初九癸巳巳時
正月初四庚子巳時

新春出行出門吉日

正月初二戊戌戌時
正月初五辛卯亥時
正月初七癸巳酉時
正月初九乙未亥時
正月初十丙申酉時

恭禧發財

---

⑲

元旦開門香火方

明當司命地兵平○丑時唐符武曲勾陳平○寅時青龍大退路空忌焚香○卯時
西方六合進貴路空忌焚香○未當天牢平○辰時白虎六戊平○巳時進祿馬吉午時喜神用○戌
方生門三合寶光天牢○亥時三合申時功曹行大吉。○宜取亥時三合乙丑時焚香開門吉。宜向正

春牛芒神服色

春牛身高四尺，長八尺，尾一尺二寸。頭青色，身黃色，腹紅色、角、耳、尾白色，脛、蹄、尾踏板，縣門左扇。芒神早忙立於牛前左邊。紅衣黑腰帶，平梳兩髻在耳後，鞭杖用柳枝長二尺四寸，用桑拓木。

運氣

太陽寒水司天太陰濕土在泉土勝水衰皇極屬土發生之紀土太過陰氣盛行受邪於水羽孤歲星明。

逢總歌

坐輦當知抬轎苦相持相爭不相讓者利漁唯有眞誠可感人相輔相成建中華

黃帝地母經

⑰

太歲甲戌年

詩曰
春夏婦提籃
秋冬多淹沒
高滴走田夫
枉用蝗蟲工

卜曰
早禾蠶即成
晚禾薄米糧
桑葉頭薄糧
蠶絲薄儲

⑱

事記

二龍治水○三姑把蠶
一龍治水○三姑把蠶
靈食二葉○五日得辛
十一牛耕地○

| 秋社八月十四日 |
| 初伏六月初五日 |
| 中伏六月十五日 |
| 末伏七月初六日 |
| 春社二月十二日 |

○○○○○○
○○○○○○
○○○○○○
○○○○○○
○○○○○○○

一、國曆

現行世界各國所用的曆法有：黃曆，為我中華民族所制定的曆法；陽曆，又稱羅馬曆，由羅馬帝國的凱撒大帝所創制的；陰曆，為回教真主穆罕默德所創制的。

本欄所指國曆即陽曆，係依據地球繞行太陽做為標準，所以較正確的名稱應為「太陽曆」。地球繞太陽一周，本身約自轉了三百六十五又四分之一次，將其晝分為十二個月，其中一、三、五、七、八、十、十二月為大月，月長有三十一天；以四、六、九、十一月為小月，月長有三十天；二月為平月，平年的二月為二十八天，閏年的二月則有二十九天（因一年為三百六十五又約四分之一日，故積四年的差數約一天，加在二月份上為二十九日）。稱這一年為閏年。陽曆就時間的計算而言，週期之變化較少，但對地球上的人類與生物的生活環境和生態變化，較欠參用性。

二、農曆

農曆即中華民族所創制的黃曆，相傳是由黃帝完成創制的，故以之命名。是依據地球繞太陽一周為一年，以月球繞地球一周為一月，地球自轉一周為一日，由於太陽、月球、地球這三個星球自轉與公轉的時間發生了差數，於是就分大小月及平閏年，大月有三十天，小月有二十九天，全年共計三百五十四日，與前述太陽曆，一年相差了十一日餘，以致造成季節氣候的不同，因此就須置閏月與閏年加以調節。

所以，聚集了三年的餘數三十三日餘，置一個閏年，閏年則多一個閏月，這個年就有十三個月；再過二年，又多設一個閏月，平均每十九年安排七個閏月，與太陽曆的週期相合。

置閏月首先需考量有「節」無「氣」的月份為閏月，並須參看前一年的「冬至」日時，農曆若是落後十八天以上，那下一年就須置閏月了。一般置閏的月份

都在每年二至十月，而十一至一月間，則不置閏。〈有關節與氣，於後續章節介紹〉

三、二十四節氣

節氣為我國曆法中所獨有，其他曆法皆無。農曆是以二十四個節氣交換點為基準的時間，二十四節氣，是依據地球繞行太陽的躔度計算而確定其時日的。在農民曆上因閏月之日差較大，節氣的日期並不一定，但由於依地球繞行太陽的躔度計算，所以在太陽曆上反而有一定的日期可尋，相差最多僅一天，茲列表如后：

季名	孟春		仲春		季春		孟夏		仲夏		季夏	
月令	一月		二月		三月		四月		五月		六月	
節氣	立春	雨水	驚蟄	春分	清明	穀雨	立夏	小滿	芒種	夏至	小暑	大暑
月令地支	寅月		卯月		辰月		巳月		午月		未月	
周天度	315°	330°	345°	360°（0°）	15°	30°	45°	60°	75°	90°	105°	120°
太陽曆月日	二月四日或五日	二月十九日或二十日	三月六日或七日	三月二十一日或二十二日	四月五日或六日	四月二十日或二十一日	五月六日或七日	五月二十一日或二十二日	六月六日或七日	六月二十一日或二十二日	七月七日或八日	七月二十三日或二十四日

孟秋		仲秋		季秋		孟冬		仲冬		季冬	
七月		八月		九月		十月		十一月		十二月	
立秋	處暑	白露	秋分	寒露	霜降	立冬	小雪	大雪	冬至	小寒	大寒
申月		酉月		戌月		亥月		子月		丑月	
135°	150°	165°	180°	195°	210°	225°	240°	255°	270°	285°	300°
八月八日或九日	九月二十三日或二十四日	九月八日或九日	十月二十三日或二十四日	十月八日或九日	十一月二十三日或二十四日	十一月七日或八日	十二月二十二日或二十三日	十二月七日或八日	一月二十二日或二十三日	一月五日或六日	一月二十日或二十一日

二十四節氣除了是時間變換的基準外，根據周公時訓之啟示，亦有人事與天理互明互證的深意，茲略述如后：

■ 立春

「東風不解凍，號令不行」，觀察到東風未能解凍的自然現象，為政者就要警惕到國家政令無法貫徹，以圖改善之謀。

「蟄蟲不振，陰奸陽蒙」，觀察到地底之陽氣不足（地底溫暖的氣化不足，冬眠之蟲蛇不起），為政者就要警惕防止遭左右之人蒙蔽。

「魚不上冰，甲冑私藏」，觀察到河川未開始解凍，為政者就要警惕防止奸逆圖謀不軌。

■ 雨水

「獺不祭魚，國多盜賊」，觀察到獺不依習性將捕得的魚陳列在水邊，為政者就要警惕防止盜賊興起。

「鴻雁不來，遠人不服」，觀察到不見鴻雁于飛，為政者就要警惕，積極樹立德業，令名遠播。

「草木不萌動，果蔬不熟」，觀察到草木均未發萌生長，為政者就要勸農，改善種植之生產技術。

■ 驚蟄

「桃不始華，是為陽否」，觀察到桃樹沒有開始開花，為政者就要思量如何激勵公職者積極為民服務，提高工作效率。

「倉庚不鳴，臣不忠主」，觀察到黃鶯不鳴，為政者警惕到要加強對臣下的督導考核。

「鷹不化鳩，寇戎數起」，觀察到鷹不化鳩，為政者就要警惕防止國境內爭亂紛起。

■ 春分

「元鳥不至，婦人不勤」，觀察到玄鳥不來，為政者就要加強禮教的整飭。

「雷不發聲，諸侯畏民」，觀察到春雷不起，為政者就要警惕人民刁頑，定要殺雞儆猴，以正法紀。

「不始電，君無威震」，觀察到雷電不起，為政者就要警惕自己威望不振。

66

■ 清明

「桐不始華，歲有酷寒」，觀察到桐樹不開花，為政者就要警惕思防寒害。

「田鼠不化鴽，國多貪殘」，觀察到田鼠不化鴽，為政者就要警惕開源節流，振興經濟與加強社會福利工作之推行，使人民更有保障。

「虹不始見，婦人苞亂」，觀察未見彩虹，為政者就要警惕社會風氣將漸奢淫。

■ 穀雨

「萍不始生，陰氣憤盈」，觀察浮萍不生，為政者就要警惕社會惡勢力囂張，民怨四起。

「鳴鳩不拂羽，國不治兵」，觀察鳴鳩不拂羽翼，為政者就要警惕不宜興軍備戰。

「戴勝不降於桑，政教不中」，觀察戴勝（鳥名）不停於桑樹，為政者就要警惕導正社會風氣，使政治清明，教化百姓。

■立夏

「螻蟈不鳴，水潦淫涌」，觀察水蛙不鳴，為政者就要警惕因應防洪、水災的工作。

「蚯蚓不出，孌奪后」，觀察蚯蚓不出，為政者就要警惕進德修業，以正家風。

「王瓜不生，困於百姓」，觀察土瓜（又名天瓜，詳細資料請參閱《本草綱目》）不生，為政者就要警惕因勢利導，獎勵人民從事生產。

■小滿

「苦菜不秀，賢人潛伏」，觀察苦菜生長不茂實，為政者就要警惕禮賢下士，廣徵專才為國服務。

「靡草不死，國縱盜賊」，觀察靡草不死，知收成欠佳，為政者就要警惕人民飢寒起盜心。

「麥秋不至，是謂陰慝」，觀察秋麥不長，為政者就要警惕奸惡之人乘機作亂。

■芒種

「螳螂不生，是謂陰息」，觀察螳螂不生，為政者就要警惕收成欠豐。

「鵙不始鳴，令奸壅偪」，觀察鵙鳥不鳴，為政者就要警惕奸人侵迫。

「反舌有聲，佞臣有側」，觀察反舌鳥仍鳴，為政者就要警惕佞臣在側。

■夏至

「鹿不解角，兵革不息」，觀察鹿不脫角，為政者就要警惕戰事不止。

「蜩不始鳴，佞臣放佚」，觀察蟬不鳴，為政者就要警易臣下放肆妄為。

「半夏不生，民多厲疾」，觀察半夏藥草不生，為政者就是警惕災病四起。

■小暑

「溫風不至，國無寬教」，觀察溫風不至，為政者就要警惕官吏不禁奸邪。

「蟋蟀不居壁，急恒之暴」，觀察蟋蟀不見，為政者就要警惕天候變化不定。

「鷹不學習，不備戎盜」，觀察鷹不習飛，為政者就要警惕盜亂突起。

■大暑

「腐草不化為螢，穀實鮮落，」觀察腐草不起螢蟲，為政者就要警惕稻穀未熟先落。

「土潤不溽暑，物不應罰」，觀察盛夏不濕熱，為政者就要警惕萬物生長不熟。

「大雨不時行，國無恩澤」，觀察雨不依時至，炎炎旱日，為政者就要警惕未普施澤民。

■立秋

「涼風不至，國無嚴政」，觀察秋風毫無涼意，為政者就要警惕政令無法嚴飭刁頑之民。

「白露不降，民多邪病」，觀察白露不降，為政者就要警惕，惡疾紛至，人民多病。

「寒蟬不鳴，人皆力爭」，觀察寒蟬不鳴，為政者就要警惕人民以力相爭，極不和諧。

農民曆常用術語

■ 處暑

「鷹不祭鳥，師旅無功」，觀察鷹不掠食，為政者就要警惕不宜興師，或戰事不克。

「天地不始肅，君臣乃懈」，觀察逢秋之際天地萬物不肅殺凋萎，反而繁茂，剋裁之氣衰微，為政者就要警惕君臣易懈怠。

「農不登穀，煖氣為災」，觀察植穀不熟，為政者就要警惕煖熱之氣成疾。

■ 白露

「鴻雁不來，遠人背叛」，觀察秋之鴻雁不來，為政者就要警惕，友邦不睦。

「玄鳥不歸，家室離散」，觀察玄鳥不回，為政者就要警惕，民多奔波，家人難以團聚。

「群鳥不養羞，臣下驕慢」，觀察群鳥不貯存食物，為政者就要警惕臣下驕傲輕慢。

71

■秋分

「雷不收聲，諸侯淫泆」，觀察秋分仍起雷聲，為政者就要警惕所屬諸臣不自檢點。

「蟄蟲不壞戶，口靡有棘」，觀察蟄蟲不拆毀所居之所，為政者就要警惕人民多因熱氣內發、心火上升，身體欠安。

「水不始涸，甲蟲為害」，觀察水不始涸，為政者就要警惕蟲害。

■寒露

「鴻雁不來，小民不服」，觀察鴻雁仍不來，為政者就要警惕民多怨言。

「雀不入大水，失時之極」，觀察雀不入海化為蛤。為政者就要警惕國之政事多延宕無成。

「菊無黃華，土不稼穡」，觀察秋菊開花不盛，為政者就要警惕，年成不好，收穫欠佳。

■霜降

「豺不祭獸，爪牙不良」，觀察豺狗不殺獸以備冬，為政者就要警惕山林動

物量少，田獵不豐。

「草木不黃落，是為愆陽」，觀察草木不隨季節黃落，為政者就要警惕陽氣過盛，天旱酷熱。

「蟄蟲不咸俯，民多流亡」，觀察蟲不開始蟄伏，為政者就要警惕人民背鄉發展。

■ 立冬

「水不始冰，是謂陰負」，觀察水仍不開始結冰，為政者就要警惕時序有變，影響來年植物發育。

「地不始凍，咎徵之咎」，觀察地不開始結薄冰，為政者就要警惕這是災禍的前兆。

「雉不入大水，國多淫婦」，觀察雉鳥不入水化為蜃（國語晉九：雀入于海為蛤，雉入于淮為蜃。），為政者就要警惕風教不嚴，淫泆之風盛起。

■ 小雪

「虹不藏，婦不專一」，觀察彩虹仍見，為政者就要警惕人民之家庭問題紛

擾不已。

「天氣不上騰，地氣不下降，君臣相嫉」，觀察節候鬱悶，為政者就是警惕君臣之間心志不一，相嫉相疑。

「不閉塞而成冬，母后淫佚」，觀察入冬而草木仍未枯落，為政者就要警惕家風不振，有陰私之情。

■ 大雪

「荔挺不生，卿士專權」，觀察荔挺草長，為政者就要警惕臣下專權越職。

「蚯蚓不結，君政不行」，觀察蚯蚓不蟄結，為政者就要警惕欲推行的政令效果不彰。

「麋不解角，兵甲不藏」觀察麋鹿不脫角，為政者就要警惕來年少興戰事，多勸農事。

■ 冬至

「泉水不動，陰不承陽」，觀察泉水乾涸，為政者就要警惕人民刁頑，臣屬無能。

■ 小寒

「雁不北鄉，民不懷主」，觀察雁不北還，為政者就要警惕，必須致力勤政愛民。

「鵲不始巢，國不安寧」，觀察鵲鳥不築巢，為政者就要警惕國家事多紛擾。

「雉不始雊，國有大水」，觀察雉鳥不鳴，為政者就要警惕將有水患。

■ 大寒

「雞不始乳，淫女亂男」，觀察雞不鳴叫，為政者就要警惕男女淫亂、風氣敗壞。

「鳥不厲疾，國不除兵」，觀察征鳥若飛得不高不快，為政者就要警惕國家不可輕言裁減軍備。

「水澤不堅腹，言乃不從」，觀察水草叢雜之處草不茂盛，為政者就要警惕臣屬陽奉陰違。

上述時訓之啟示係周公用以警戒諸侯，以期能見微知著，補過遷善。由於地

75

理環境的不同，我們有很多地方較不易體會。這不重要，重要的是；他告訴了後人二十四節氣不僅是季節時間變換的符號，也是另有深意的。

四、九星方立

九星如下：一白水星號貪狼，二黑土星號巨門，三碧木星號祿存，四綠木星號文曲，五黃土星號廉貞，六白金星號武曲，七赤金星號破軍，八白土星號左輔，九紫火星號右弼。在農民曆上年日都按著順序排列，每日都記載著輪值的一白、二黑、三碧、四綠、五黃、六白、七赤、八白、九紫。而年係根據三元氣運來編列，如圖表：

	元 下			元 中			元 上		
甲辰──癸亥（二十年）民國一一三年──民國一三二年	甲申──癸卯（二十年）民國九十三年──民國一一二年	甲子──癸未（二十年）民國七十三年──民國九十二年	甲辰──癸亥（二十年）民國五十三年──民國七十二年	甲申──癸卯（二十年）民國三十三年──民國五十二年	甲子──癸未（二十年）民國十三年──民國三十二年	甲辰──癸亥（二十年）光緒三十年──民國十二年	甲申──癸卯（二十年）光緒十年──光緒二十九年	甲子──癸未（二十年）清同治三年──光緒九年
九紫	八白	七赤	六白	五黃	四綠	三碧	二黑	一白

註：氣運至五黃之二十年，自甲申──癸巳（十年）寄四綠

甲午──癸卯（十年）寄六白

78

九星的位置，每年每月每日都按照一定的秩序在循環，每一星輪流當值居中，其餘八星則分佈在四正四隅之位，只要您翻開農民曆，就可知道某天是哪一星當值，然後下表所列，各星當值，其餘八星所在方位，再依各人所喜忌之星，配合參考運用，選擇對自己有利的方位。

值星	正北	東北	正東	東南	正南	西南	正西	西北
一白	六白	四綠	八白	九紫	五黃	七赤	三碧	二黑
二黑	七赤	五黃	九紫	一白	六白	八白	四綠	三碧
三碧	八白	六白	一白	二黑	七赤	九紫	五黃	四綠
四綠	九紫	七赤	二黑	三碧	八白	一白	六白	五黃
五黃	一白	八白	三碧	四綠	九紫	二黑	七赤	六白
六白	二黑	九紫	四綠	五黃	一白	三碧	八白	七赤
七赤	三碧	一白	五黃	六白	二黑	四綠	九紫	八白
八白	四綠	二黑	六白	七赤	三碧	五黃	一白	九紫
九紫	五黃	三碧	七赤	八白	四綠	六白	二黑	一白

前述所謂有利方位，就九星的判斷是以您出生於民國幾年的年份除以九，如

除盡者主星就是八白，餘如左：

餘數　餘一　餘二　餘三　餘四　餘五　餘六　餘七　餘八

主星　七赤　六白　五黃　四綠　三碧　二黑　一白　九紫

例如您是民國五十年出生者，就以年份五十除以九，得五餘五，則五十年出

生者就以三碧為其主星，再參考左表以查出自己吉凶的方法：

主星	吉星	凶星
一白	三碧、四綠、六白、七赤	一白、五黃
二黑	六白、七赤、八白、九紫	二黑、五黃
三碧	一白、四綠、九紫	三碧、五黃
四綠	一白、三碧、九紫	四綠、五黃
五黃	二黑、六白、七赤、八白、九紫	五黃
六白	一白、二黑、七赤、八白	六白、五黃
七赤	一白、二黑、六白、八白	七赤、五黃
八白	二黑、六白、七赤、九紫	八白、五黃
九紫	二黑、三碧、四綠、八白	九紫、五黃

舉前例說明，若您是民國五十年出生，以五十除以九得五餘五，主星為三碧，那你的吉星是一白、四綠、九紫，凶星是三碧、五黃。如果您想知道民國八十三年國曆一月一日哪個方位對您有利，則先查看農民曆內國曆一月一日主星為

81

六白，由方位表查知，您的吉星：一白、四綠、九紫，凶星：三碧、五黃的方位

分別如下：

吉星	方位	凶星	方位
一白	正南	三碧	西南
四綠	正東	五黃	東南
九紫	東北		

由此可知，您民國八十三年國曆一月一日宜正南、正東及東北；反之，凡往西南、東南方向就要特別注意，若非必要，則不往或不於此方向之處決定某些事情。

82

五、二十八宿

宿——星次之意，古代天文學家把黃道（太陽和月亮所經天區）的恒星分成二十八個星座，稱為二十八宿；四方各有七宿，以北極星為中心，四方各以星宿分佈的形狀用四禽之象謂稱：

東蒼龍，包含角、亢、氐、房、心、尾、箕等七個宿。

北玄武，包含斗、牛、女、虛、危、室、壁等七個宿。

西白虎，包含奎、婁、胃、昴、畢、觜、參等七個宿。

南朱雀，包含井、鬼、柳、星、張、翼、軫等七個宿。

「角」為東方蒼龍七宿的第一宿，有星兩顆，屬於室女座，為一等星，其光為白色。角宿宜嫁娶、出行、移徙，忌葬儀。

「亢」為東方蒼龍七宿的第二宿，有星四顆，在室女星座中，為三等星。亢

83

「氐」為東方蒼龍七宿的第三宿、有星四顆，屬於天秤星座。氐宿宜置產、嫁娶、栽種，忌葬儀。

宿宜嫁娶、播種，忌葬儀。

「房」為東方蒼龍七宿的第四宿、有星四顆，屬於天蠍星座。房宿宜祭祀、嫁娶、起造、移徙，忌裁衣。

「心」為東方蒼龍七宿的第五宿、有星三顆，屬於天蠍星座，為一等星，其光為紅色。（宋史天文志三：『心宿三星，天之正位也。』）心宿宜祭祀、出行、移徙，忌裁衣。

「尾」為東方蒼龍七宿的第六宿、有星九顆，屬於天蠍星座，俗稱龍尾九星。尾宿宜嫁娶、造屋，忌裁衣。

「箕」為東方蒼龍七宿的第七宿、有星四顆，屬於人馬星座。箕宿宜建造、開市納財、嫁娶，忌葬儀。

「斗」為北方玄武七宿的第一宿、有星六顆，屬人馬星座，又稱「北斗」，亦名「南斗六星」。斗宿宜建倉、掘井、買新衣。

「牛」為北方玄武七宿的第二宿、有星六顆，屬魔羯星座，又名牛郎星或牽牛星。牛宿諸事皆宜。

「女」為北方玄武七宿的第三宿、有星四顆，屬寶瓶星座，女宿宜學藝、裁衣，忌爭訟。

「虛」為北方玄武七宿的第四宿、有星二顆，屬寶瓶與小馬星座，又名玄枵、北陸、顓頊。虛宿凡事退守則吉。

「危」為北方玄武七宿的第五宿、有星三顆，第一顆星即為寶瓶座，餘二星屬飛馬星座。危宿宜出行、納財，其餘皆忌。

「室」為北方玄武七宿的第六宿、有星二顆，屬飛馬星座，室宿宜建造、移徙、嫁娶，忌葬儀。

「壁」為北方玄武七宿的第七宿、有星二顆，分別屬於飛馬與仙女星座，為二等星。壁宿宜嫁娶、建造。

「奎」為西方白虎七宿的第一宿、有星十六顆，其中九顆屬於仙女星座，七顆屬於雙魚星座，又名魁星。奎宿宜出行、掘井、裁衣，忌開市。

「婁」為西方白虎七宿的第二宿、有星三顆，屬白羊星座。婁宿宜嫁娶、裁衣、修屋。

「胃」為西方白虎七宿的第三宿、有星三顆，屬白羊星座。胃宿諸事小心。

「昴」為西方白虎七宿的第四宿、有星七顆，屬金牛星座，俗稱七姊妹星團，或上曜星，其中六星很容易看到，晦夜可看到九星，實際是數以百計的小星密集而成，光度最佳的是第六星，有的天文家稱它為「中心太陽」。昴宿諸事多宜，忌裁衣。

「畢」為西方白虎七宿的第五宿、有星八顆，其中第五星最亮，為一等星，色赤，亦為金牛星座的第一星，又名金牛目。畢宿宜建造、掘井，忌裁衣。

「觜」為西方白虎七宿的第六宿、有星三顆，屬於金牛星座。觜宿諸事不宜。

「參」為西方白虎七宿的第七宿、有星七顆，屬於獵戶星座，又名實沈。參宿宜嫁娶、出行、求財、求嗣，忌葬儀。

「井」為南方朱雀七宿的第一宿、有星八顆，屬於雙子星座。井宿宜祭祀、祈福、栽種、掘井，忌裁衣。

「鬼」為南方朱雀七宿的第二宿，有星四顆，星光皆暗，中有一星團，晦日可見，如雲非雲，如星非星，屬於巨蟹星座。鬼宿諸事守成為宜。

「柳」為南方朱雀七宿的第三宿，有星八顆，屬於長蛇星座。柳宿宜建造、嫁娶，忌葬儀。

「星」為南方朱雀七宿的第四宿，有星七顆，其中六顆星屬於長蛇星座，而其另外一顆星，則孑然獨照，為一等星。星宿宜嫁娶、栽種，忌裁衣、葬儀。

「張」為南方朱雀七宿的第五宿、有星六顆，屬於長蛇星座。張宿諸事多宜。

「翼」為南方朱雀七宿的第六宿、有星二十二顆，為二十八宿星數最多的一宿，其中有十一顆星屬於巨爵星座，有三顆星屬於長蛇星座，另外八顆星不明，光度極小。翼宿諸事不利。

「軫」為南方朱雀七宿的第七宿、有星四顆，其中兩星，一黃色、一紫色，都可以用望遠鏡看清，屬於馬鴉星座。軫宿宜置產、建造、嫁娶、入學、裁衣，不宜往北遠行。

先祖在曆書中所以將二十八宿列入，是因為體驗我們所生存的地球與各星球之間都相互有影響與關連，如光、熱、磁場、引力等等；藉由星宿的觀察也可了解我們的方向，亦能判斷季節、月份、時日，乃至能預測天候的變化，這些都是先祖們智慧與經驗的累積。

六、沖煞

所謂「沖」，是指與日支對沖；所謂「煞」，是指與日支三合對沖的方位。

如日支圖㈠所示：子與午沖，丑與未沖，寅與申沖，卯與酉沖，辰與戌沖，巳與亥沖；沖者衝也，事逢沖則散，吉事不宜，所以忌沖；凶事反之。如圖㈠所示：

圖㈠

地支六沖圖

丑	巳	卯	辰	寅	子
未	亥	酉	戌	申	午
沖	沖	沖	沖	沖	沖

如圖㈠所示：申、子、辰合水局，煞位（與之所對沖的方位）在南。亥、卯、未合木局，煞位在西。寅、午、戌合火局，煞位在北。巳、酉、丑合金局，煞位在東。煞除了位沖，而且方向也是相逆的，不宜與日支相逆之方向而行，如日支為申、子、辰時，煞在南方，因之不宜往南行或是在南方謀事等等。

圖㈠

地支三合圖

局　會成（四庫全土）

辰戌丑未

巳酉丑合金

寅戌午合火

亥卯未合木

申子辰合水

太陽剛火　夏　爐火柔陰
南　午　丁
丙　巳　未
辰　合金　申　頑陽金
乙　庚
柔木（氣）　卯　己　土　戌　合水　酉　西　秋　珠陰玉
春　東　甲　戌
剛木（質）　寅　合火
合木　子　亥
丑　癸　壬　北　冬　江河水
雨露水

農民曆常用術語

91

接著我們介紹六十甲子沖煞的干支與方向；所謂六十甲子與干支，我們後續再予說明。

甲子日煞南正沖戊午、乙丑日煞東正沖己未、丙寅日煞北正沖庚申。

丁卯日煞西正沖辛酉、戊辰日煞南正沖壬戌、己巳日煞東正沖癸亥。

庚午日煞北正沖甲子、辛未日煞西正沖乙丑、壬申日煞南正沖丙寅。

癸酉日煞東正沖丁卯、甲戌日煞北正沖戊辰、乙亥日煞西正沖己巳。

丙子日煞南正沖庚午、丁丑日煞東正沖辛未、戊寅日煞北正沖壬申。

己卯日煞西正沖癸酉、庚辰日煞南正沖申戌、辛巳日煞東正沖乙亥。

壬午日煞北正沖丙子、癸未日煞西正沖丁丑、甲申日煞南正沖戊寅。

乙酉日煞東正沖己卯、丙戌日煞北正沖庚辰、丁亥日煞西正沖辛巳。

戊子日煞南正沖壬午、己丑日煞東正沖癸未、庚寅日煞北正沖甲申。

辛卯日煞西正沖乙酉、壬辰日煞南正沖丙戌、癸巳日煞東正沖丁亥。

甲午日煞北正沖戊子、乙未日煞西正沖己丑、丙申日煞南正沖庚寅。

丁酉日煞東正沖辛卯、戊戌日煞北正沖壬辰、己亥日煞西正沖癸巳。

庚子日煞南正沖甲午、辛丑日煞東正沖乙未、壬寅日煞北正沖丙申。

癸卯日煞西正沖丁酉、甲辰日煞南正沖戊戌、乙巳日煞東正沖己亥。

丙午日煞北正沖庚子、丁未日煞西正沖辛丑、戊申日煞南正沖壬寅。

己酉日煞東正沖癸卯、庚戌日煞北正沖甲辰、辛亥日煞西正沖乙巳。

壬子日煞南正沖丙午、癸丑日煞東正沖丁未、甲寅日煞北正沖戊申。

乙卯日煞西正沖己酉、丙辰日煞南正沖庚戌、丁巳日煞東正沖辛亥。

戊午日煞北正沖壬子、己未日煞西正沖癸丑、庚申日煞南正沖甲寅。

辛酉日煞北正沖乙卯、壬戌日煞北正沖丙辰、癸亥日煞南正沖丁巳。

上述六十甲子，每日所沖的干支皆為正沖，例如甲子日正沖戊午，係甲木剋戊土，子水沖剋午火，亦所謂天剋地沖，所以農民曆上寫著「沖馬十七歲」的意思就是指，甲子日正沖戊午年生的人，屬馬十七歲。有關五行相生相剋於後續再予說明。其餘的甲午、丙午、庚午、壬午等日，則不符天剋地沖的條件，僅地支相

93

沖而已，我們稱之為偏沖。

在正沖與偏沖之外要特別注意的是天地皆沖剋的日子，這種日子尤要謹慎小心，守成為宜；例如甲午年生的人若逢庚子日，天干甲木為庚金所剋，日支午火為子水沖剋，日支（三合）煞位又在北（子水），豈可不特別注意?!

七、胎神

　胎神是主宰保護胎兒元神的神明，胎身的生長與胎神安否息息相關，如沖動胎神，將可能影響到胎兒的發育與安危。胎神宜靜養，所以其所居之位亦宜保持平靜，不宜嘈雜、紛擾。這項宜忌的流傳，不要太計較是否迷信，因其有另一層深遠的用意，那就是我們中國人造人的智慧，從男女擇偶開始的選擇、行房謹慎擇日，到胎教的規矩，及孩童禮教的化育等，這一連串的宜忌無非是想藉以造就一個正人。凡事皆要慎始，如果能注意的話，還是謹慎為宜。

　胎神每月所在的位置如下：

　正月在房床。

　二月在戶窗。

　三月在門堂。（尤其是孕婦房間的門及宅之廳堂）

　四月在廚灶。（泛指廚房裏的一切擺設及爐火器具）

五月在房床。

六月在床倉。（倉係指置物間、儲藏室等）

七月在碓磨。（碓為盛米的容器，磨為磨米的器具）

八月在廁所。

九月在門房。

十月在房床。

十一月在灶爐。

十二月在房床。

胎神每日所在的方位如下：

甲子日占門碓外東南、乙丑日碓磨廁外東南、丙寅日廚灶爐外正南、

丁卯日門倉庫外正南、戊辰日房床栖外西南、己巳日占門床外正南、

庚午日占碓磨外正南、辛未日廚灶廁外西南、壬申日倉庫爐外西南、

癸酉日房床門外西南、甲戌日門碓栖外西南、乙亥日碓磨床外西南、

丙子日廚灶碓外西南、丁丑日倉庫廁外正西、戊寅日房床爐外正西、

己卯日占大門外正西、庚辰日倉庫碓栖外正西、辛巳日廚灶床外正西、

壬午日倉庫碓外西北、癸未日房床廁外西北、甲申日占門爐外西北、

乙酉日碓磨門外西北、丙戌日廚灶栖外西北、丁亥日倉庫床外西北、

戊子日房床碓外正北、己丑日占門廁外正北、庚寅日碓磨爐外正北、

辛卯日廚灶門外正北、壬辰日倉庫栖外正北、癸巳日占房床房內北、

甲午日占門碓房內北、乙未日碓磨廁房內北、丙申日廚灶爐房內北、

丁酉日門倉庫房內北、戊戌日房床栖房內中、己亥日占門床房內中、

庚子日占碓磨房內南、辛丑日廚灶廁房內南、壬寅日倉庫爐房內南、

癸卯日房門房內西、甲辰日門栖房內東、乙巳日碓磨床房內東、

丙午日廚灶碓房內東、丁未日倉庫廁房內東、戊申日房床爐房內中、

己酉日占大門外東北、庚戌日碓磨栖外東北、辛亥日廚灶床外東北、

壬子日倉庫碓外東北、癸丑日房床廁外東北、甲寅日占門爐外東北、

乙卯日碓磨門外正東、丙辰日廚灶栖外正東、丁巳日倉庫床外正東、

戊午日房床碓外正東、己未日占門廁外正東、庚申日碓磨爐外東南、辛酉日廚灶門外東南、壬戌日倉庫栖外東南、癸亥日占房床外東南。

上列胎神每日所在的地方，我們不要隨便搬動定位的家具或器具，更不要釘釘子及修飾裝潢，以免沖動到胎神，實際是戒之在不要影響孕婦。

教你看懂農民曆的第一本書

續世者，月之善神亦有日新月異、綿延承續之意，故續世日最宜婚嫁、祭祀、求子、甚至受孕。

八、日與時的吉凶

所謂吉日，係依天道十二神之吉凶而判定，天道十二神的順序分別為：青龍、明堂、天刑、朱雀、金匱、天德（寶光）、白虎、玉堂、天牢、玄武、司命、勾陳。其中以青龍、明堂、金匱、天德、玉堂、司命為吉神，所值之日為吉日，其餘之天刑、朱雀、白虎、天牢、玄武、勾陳為凶神，所值之日為凶日。

吉日當然宜出行、嫁娶、移徙、起造、祈福等事，凶日則宜靜不宜動了。天道十二神輪值順序，按月值日與按日值時均相同，列表如下：

亥	戌	酉	申	未	午	巳	辰	卯	寅	丑	子	日時\輪值
白虎	天牢	司命	青龍	天刑	金匱	白虎	天牢	司命	青龍	天刑	金匱	子
玉堂	玄武	勾陳	明堂	朱雀	天德	玉堂	玄武	勾陳	明堂	朱雀	天德	丑
天牢	司命	青龍	天刑	金匱	白虎	天牢	司命	青龍	天刑	金匱	白虎	寅
玄武	勾陳	明堂	朱雀	天德	玉堂	玄武	勾陳	明堂	朱雀	天德	玉堂	卯
司命	青龍	天刑	金匱	白虎	天牢	司命	青龍	天刑	金匱	白虎	天牢	辰
勾陳	明堂	朱雀	天德	玉堂	玄武	勾陳	明堂	朱雀	天德	玉堂	玄武	巳
青龍	天刑	金匱	白虎	天牢	司命	青龍	天刑	金匱	白虎	天牢	司命	午
明堂	朱雀	天德	玉堂	玄武	勾陳	明堂	朱雀	天德	玉堂	玄武	勾陳	未
天刑	金匱	白虎	天牢	司命	青龍	天刑	金匱	白虎	天牢	司命	青龍	申
朱雀	天德	玉堂	玄武	勾陳	明堂	朱雀	天德	玉堂	玄武	勾陳	明堂	酉
金匱	白虎	天牢	司命	青龍	天刑	金匱	白虎	天牢	司命	青龍	天刑	戌
天德	玉堂	玄武	勾陳	明堂	朱雀	天德	玉堂	玄武	勾陳	明堂	朱雀	亥

上表所示，基本而言，如寅月或寅日，青龍吉神在子為吉日或吉時，但進一層的探討又與干支相互間的生、剋、制、化、德、合、祿、馬、刑、沖、破、害等因素有關係，這較深一層的理論依據，我們暫不討論，續就其他相關吉日做介紹。

(一)歲德日

值年太歲主管一年之吉凶，是以歲德神就是當年最有權威的年神，歲德為陽干年時，與年干相同即稱之，例如甲年逢甲日為歲德日，丙、戊、庚、壬等年均以丙、戊、庚、壬日為歲德日。若為陰干年時則以合陰干之陽干謂之，（所謂干合係指甲與己合，乙與庚合，丙與辛合，丁與壬合，戊與癸合。）因此如乙年為庚日，丁年為壬日，己年為甲日，辛年為丙日，癸年為戊日。

歲德神，既為每年極福之神，是以舉凡修造、動土、嫁娶、納采、移徙、入宅、百事皆宜向歲德方位及用歲德日以趨吉避凶。

(二) 歲德合日

歲德合神與歲德神一樣皆是吉神,歲德神為陽神,歲德合神為陰神,因此有剛柔之別(陽剛、陰柔)。凡陽往(由內而外謂之往)之事,如出行、赴任、納采,則宜用陽日,即甲、丙、戊、庚、壬日。凡陰來(由外而內謂之來)之事,如嫁娶、入宅、進入口,則宜用陰日,即乙、丁、己、辛、癸日。所謂歲德合、自是以當年太歲天干之合取陰日,如下:

歲在甲年為己日　歲在己年為己日

歲在乙年為乙日　歲在庚年為乙日

歲在丙年為辛日　歲在辛年為辛日

歲在丁年為丁日　歲在壬年為丁日

歲在戊年為癸日　歲在癸年為癸日

例如民國八十二年，歲次癸酉，天干為癸為陰干，所以歲德日為戊日，意即癸酉年中逢戊日即為歲德日。而歲德合日為癸日，意即癸酉年中逢癸日即為歲德合日。

（三）**天乙貴人**

天乙貴人，至尊至吉之神，所臨之位凶神藏，邪煞沒，故凡事遇之可解，凶厄化吉慶，所在之位如下所述：

甲年在未，乙年在申，丙年在酉，丁年在亥，戊、庚年在丑，己年在子，辛年在寅，壬年在卯，癸年在巳。

（四）**天德日**

所謂天德者，係指三合之氣以月支論。天德為天之福德眾聚所理之方、聚秀之位，所值之日，百事皆宜，得天福蔭。天德所值之日如下述：

寅（一月）、午（五月）、戌（九月）三合火局，以丙丁火日為用。

卯（二月）、未（六月）、亥（十月）三合木局，以甲乙木日為用。

辰（三月）、申（七月）、子（十一月）三合水局，以壬癸水日為用。

巳（四月）、酉（八月）、丑（十二月）三合金局，以庚辛金日為用。

其中子、午、卯、酉四月，天德居四正（正北、正南、正東、正西）之位，

不用天德，故天德日以月支而定如下：

一月（寅）逢丁日。

三月（辰）逢壬日。

四月（巳）逢辛日。

六月（未）逢甲日。

七月（申）逢癸日。

九月（戌）逢丙日。

十月（亥）逢乙日。

十二月（丑）逢庚日。

㈤天德合日

所謂天德合日，就是與天德日干相合之日。我們知道所謂干合就是甲與己合、乙與庚合、丙與辛合、丁與壬合、戊與癸合。合天德之日，亦利有攸往、修造、動土、開市、祈福、出師、遠行皆宜。參照上節所述天德日，我們可知天德合日分述如下：

一月（寅）逢壬日。

三月（辰）逢丁日。

四月（巳）逢丙日。

六月（未）逢己日。

七月（申）逢戊日。

(六) 月德日

月德者，月之德神；當月所吉之日，以月支之三合，取其五行之陽干為用，

說明如下：

一（寅）、五（午）、九（戌）月，三合為火局，日干丙為陽火，日干丁為陰火，取陽干丙為用，故一、五、九月逢丙日為月德日。

二（卯）、六（未）、十（亥）月，三合為木局，日干甲為陽木，日干乙為陰木，取陽干甲為用，故二、六、十月逢甲日為月德日。

三（辰）、七（申）、十一（子）月，三合為水局，日干壬為陽水，日干癸為陰水，取陽干壬為用，故三、七、十一月逢壬日為月德日。

四（巳）、八（酉）、十二（丑）月，三合為金局，日干庚為陽金，日干辛

九月（戌）逢辛日。

十月（亥）逢庚日。

十二月（丑）逢乙日。

為陰金，取陽干庚為用，故四、八、十二月逢庚日為月德日。

月德日利於起基動土、出行赴任、求官求職、行善淑世、自積福蔭，事半而功倍。

㈦**月德合日**

所謂月德合日，就是與月德日干相合之日，日為陽，月為陰，故取相合之日干皆為陰。分述如下：

一（寅）、五（午）、九（戌）月逢辛日。

二（卯）、六（未）、十（亥）月逢己日。

三（辰）、七（申）、十一（子）月逢丁日。

四（巳）、八（酉）、十二（丑）月逢乙日。

月德合日，百福並集，諸事皆宜，是個好日子，宜多加參考運用，尤利於由

內而外拓展所圖。

(八)天赦日

天赦日就是上天赦罪釋放有過者之日，百無禁忌，當然為一年之中所少有，因為選擇吉日的參考因素相當的多，除了所謂已釐訂的吉日外，尚與每個人的出生八字，流年氣運之吉、凶、悔、吝等條件有直接的關係，因之很多人在能配合的狀況下，多選天赦日行事。天赦日以季尋日，分述如下：

春季（寅、卯、辰月）逢戊寅日。

夏季（巳、午、未月）逢甲午日。

秋季（申、酉、戌月）逢戊申日。

冬季（亥、子、丑月）逢甲子日。

(九) 月恩日

月恩日，以當月五行之干支為依據，受月之干支所生的就是月恩日，如人之母恩於子之意。月恩日一樣是適宜由內而外，拓展所圖，如修造、起基動土、祭祀、嫁娶、求財、赴任等。月恩日以月擇日，分述如下：

一月（寅）陽木生陽火，取丙日。

二月（卯）陰木生陰火，取丁日。

三月（辰）陽土生陽金，取庚日。

四月（巳）陰火生陰土，取己日。

五月（午）陽火生陽土，取戊日。

六月（未）陰土生陰金，取辛日。

七月（申）陽金生陽水，取壬日。

八月（酉）陰金生陰水，取癸日。

九月（戌）陽土生陽金，取庚日。

十月（亥）陰水生陰木，取乙日。

十一月（子）陽水生陽木，取甲日。

十二月（丑）陰土生陰金，取辛日。

(十)天願日

天願日，以月之干支為依據，擇與之和合之日為是，故為月之喜神，宜求財、出行、嫁娶、祈福。所值之日分述如下：

一月（寅）逢乙亥

二月（卯）逢甲戌

三月（辰）逢乙酉

四月（巳）逢丙申

五月（午）逢丁未

六月（未）逢戊午

七月（申）逢己巳

八月（酉）逢庚辰

九月（戌）逢辛卯

十月（亥）逢壬寅

十一月（子）逢癸丑

十二月（丑）逢甲子

因為六十甲子循環一週為六十日，一個月僅三十日，所以未必每月會逢天願日，因之，若逢天願日可多參用。

（七）**四相日**

五行之衰旺，得令則為旺為相，不得令則為休為囚為死，列表如左：

春　木旺、火相、土死、金囚、水休。

夏　火旺、土相、金死、水囚、木休。

秋　金旺、水相、木死、火囚、土休。

冬　水旺、木相、火死、土囚、金休。

季月土旺、金相、水死、木囚、火休。

季月者，季春、季夏、季秋、季冬也，也就是三月（辰）六月（未），九月（戌），十二月（丑）。然四相日以春、夏、秋、冬之相氣化為準，視季月為中和之氣，不取其相氣（庚、辛、金）為用。四相日茲分述如下：

春季逢丙丁火日。

夏季逢戊己土日。

秋季逢壬癸水日。

冬季逢甲乙木日。

四相日為四季之干支所生，修造、起基動土、移徙、出行，均可取用之。

（生）**時德日**

德者得也，得天地之所生也（即天地之舒暢氣化也）。時德日以季論，春季逢午日、夏季逢辰日、秋季逢子日、冬季逢寅日為時德日；既為四時所生，祈福、宴客、求職、謁貴均適宜。

（生）**三合日**

為五行合之簡稱，即亥、卯、未合木局，寅、午、成合火局，巳、酉、丑合金局，申、子、辰合水局，三合者如聚結群力，眾志成城，故宜訂親、嫁娶、結盟、會友、立券交易、開市、納財。三合日以值月之支與日支相應而取用，然有個關鍵就是，月支與日支逢三合之半合，其間一定要有旺氣，子、午、卯、酉等才算合成局，否則不可謂之三合，僅能稱之為湊合，尚待所欠之支，合而成局。

例如：寅月逢戌日不可稱之為三合日，若逢午日即為三合日。月之三合日分述如下：

一月（寅）逢午日。

二月（卯）逢未日、亥日。

三月（辰）逢子日。

四月（巳）逢酉日。

五月（午）逢寅日、戌日。

六月（未）逢卯日。

七月（申）逢子日。

八月（酉）逢巳日、丑日。

九月（戌）逢午日。

十月（亥）逢卯日。

十一月（子）逢辰日、申日。

㈩**驛馬日**

驛馬為發動之要神，歲、月、日、時之中有之。

俗云：「三合頭沖為驛馬。」即謂驛馬所居之處為三合首一字之沖神，例如：寅（一月）、午（五月）、戌（九月），逢與寅相沖之日支為申，申日則為驛馬日，分述如下：

一月（寅）、五月（午）、九月（戌）逢申日。（寅、午、戌月）

二月（卯）、六月（未）、十月（亥）逢巳日。（亥、卯、未月）

三月（辰）、七月（申）、十一月（子）逢寅日。（申、子、辰月）

四月（巳）、八月（酉）、十二月（丑）逢亥日。（巳、酉、丑月）

驛馬是奔波、外求，進而不已之神，所以是日逢出行、赴任、移徙、謁貴等

十二月（丑）逢酉日。

117

事均可選用。

（圭）**五富日**

富者，財物豐饒之意，五富日者，以月支為準，分述如下：

一月（寅）逢亥日。

二月（卯）逢寅日。

三月（辰）逢巳日。

四月（巳）逢申日。

五月（午）逢亥日。

六月（未）逢寅日。

七月（申）逢巳日。

八月（酉）逢申日。

九月（戌）逢亥日。

(共) **敬安日**

敬安者，敬重、端肅、安定、逸樂之意。人與人之間相互恭敬則必安，敬安之日乃為恭順之神當值，故宜召開有關家族、公司、組織等相關會議，或團體間的協調會、公聽會，亦宜拜訪長輩，推薦朋友、求職、赴任等事。敬安日以月支為準，分述如下：

一月（寅）逢未日。

十月（亥）逢寅日。

十一月（子）逢巳日。

十二月（丑）逢申日。

五富日均擇亥、寅、巳、申長生之日為用，又具豐饒富強之意，故是日宜舉辦產品展示會、促銷活動、作品發表會、及各類慶祝會、運動會等團體活動。

(七) **續世日**

二月（卯）逢丑日。

三月（辰）逢申日。

四月（巳）逢寅日。

五月（午）逢酉日。

六月（未）逢卯日。

七月（申）逢戌日。

八月（酉）逢辰日。

九月（戌）逢亥日。

十月（亥）逢巳日。

十一月（子）逢子日。

十二月（丑）逢午日。

為人子女，能繼志述事為孝親。續世者，月之善神，亦有日新月異、綿延永

續之意，故續世日最宜婚嫁、祭祀、求子，甚至受孕。續世日以月支為準，分述如下：

一月（寅）逢丑日。

二月（卯）逢未日。

三月（辰）逢寅日。

四月（巳）逢申日。

五月（午）逢卯日。

六月（未）逢酉日。

七月（申）逢辰日。

八月（酉）逢戌日。

九月（戌）逢巳日。

十月（亥）逢亥日。

十一月（子）逢午日。

121

十二月（丑）逢子日。

(十八) 天恩日

天恩日為上天施恩德澤予民之日。施恩者，予人而不思回報之關懷也，故天恩日最宜擇人任事、犒賞部屬、救濟貧困、布施政事為民興利除害。天恩日以下列特定日之干支為用，凡逢甲子日、乙丑日、丙寅日、丁卯日、戊辰日、己卯日、庚辰日、辛巳日、壬午日、癸未日、己酉日、庚戌日、辛亥日、壬子日、癸丑日等均之天恩日。

(十九) 陽德日

德者得也，得到天地間最適宜、和諧之氣化。陽德，為月中之德神，陽德日為德神當值之日，氣化調合，諸事順遂，故宜立券交易、開市納財、納采、訂盟。

陽德日以月擇特定之陽日，分述如下：

㈡ 陰德日

陰德者，月內陰德之神，陰德日為陰德之神當值之日。天地間之氣化有陰就有陽，互而為用，正所謂孤陽不生，獨陰不長。陰德之神，揚善嫉惡，明察功過之神，凡有冤情待平復，或行善積德、惠澤貧困之舉，選用陰德日其願順遂。陰陽日以月擇特定之陰日為用，分述如下：

一月（寅）逢戌日。　七月（申）逢戌日。

二月（卯）逢子日。　八月（酉）逢子日。

三月（辰）逢寅日。　九月（戌）逢寅日。

四月（巳）逢辰日。　十月（亥）逢辰日。

五月（午）逢午日。　十一月（子）逢午日。

六月（未）逢申日。　十二月（丑）逢申日。

一月（寅）逢酉日。　七月（申）逢酉日。

123

二月（卯）逢未日。　八月（酉）逢未日。

三月（辰）逢巳日。　九月（戌）逢巳日。

四月（巳）逢卯日。　十月（亥）逢卯日。

五月（午）逢丑日。　十一月（子）逢丑日。

六月（未）逢亥日。　十二月（丑）逢亥日。

人有善惡之事，天有吉凶之日，接下來我們就介紹一些相關的凶、忌之日。

所謂凶、忌之日只是警惕我們守機待時，有所止、不妄動而已，並非即有災、厄之事。

(三)**探病凶日**

　　親朋好友身體欠安在所難免，基於關愛之心及彼此情誼，總會前往探望；有些人往往去探病返回後，自己也病了或有些不舒服。為了避免這樣的事情，前人經驗的累積告訴我們，凡逢壬寅日，壬午日，庚午日，甲寅日，乙卯日，己卯日

去探病，易對自己的身體有所影響；不必以迷信論之，要體會前人的深意，就是探病也要慎重，要了解對方的病症、自己的身體狀況及探病適宜的時間等，這些都是希望凡事有所準備，不可隨意而行。

（三）楊公忌日

　　楊公忌日亦是前人自古流傳下來的經驗，戒後人若逢之，則不宜移徙、入宅、分居、出行等事。楊公忌日分別為農曆一月十三日、二月十一日、三月九日、四月七日、五月五日、六月三日、七月一日及二十九日、八月二十七日、九月二十五日、十月二十三日、十一月二十一日、十二月十九日。另於農曆每月初一不宜嫁娶，初九不宜修造、上樑，十七日不宜安葬，二十五日不宜移徙。

（三）彭祖忌日

　　彭祖相傳為長壽之人，流傳了一些經驗給子孫，期以趨吉避凶。彭祖忌日，按日之干支而定，分述如下：凡逢——

125

教你看懂農民曆的第一本書

日干為甲之日不開倉。

為乙之日不栽種。

為丙之日不修灶。

為丁之日不剃頭。

為戊之日不受田。

為己之日不破券。

為庚之日不徑絡。

為辛之日不合醫。

為壬之日不汲水。

為癸之日不訴訟。

日支為子之日不問卜。

為丑之日不帶冠。

為寅之日不祭祀。

為卯之日不穿井。

為辰之日不哭泣。

為巳之日不出行。

為午之日不苫蓋。

為未之日不服藥。

為申之日不安床。

為酉之日不會客。

為戌之日不吃犬。

為亥之日不行嫁。

㈤ 觸水龍

觸水龍乃是自古相傳下來，不宜戲水的時間。海灘溪邊戲水，大多數人都很喜歡，但有鑑於每年都有為數不少的人失足滅頂，所以戲水時最要小心。

觸水龍以日與時之干支而論，凡逢丙子日或丙子時、癸未日或癸未時、癸丑日或癸丑時，都是屬於觸水龍，若戲水最好選擇安全設施與人員妥善之場所戲水。

當然，最重要的是平時就要注意安全。

㈥ 四離日與四絕日

所謂四離日係指春分、夏至、秋分、冬至的前一日；四絕日係指立春、立夏、立秋、立冬的前一日。四離日與四絕日並非凶厄之日，在一年的二十四節氣之中以二分、二至與四立表現四季的變換尤為顯明，在它們的前一日就代表著新舊兩季的接際，或是陰陽氣化消長的交會，所以宜靜不宜波動，就如遠行出征皆忌之。

(六)氣往亡日

所謂氣往亡日又名天門日，係前人依累積之經驗，有感天地間氣化運行逢是日鬱結不通，故諸多禁忌。《資治通鑑》一一五晉義熙六年二月：「丁亥，劉裕悉眾攻城，或曰：今日往亡，不利行師。」但我們也不要過於避諱，只要是日之干支與自身命造、年命喜神相合仍可選用。氣往亡日茲分述如下：

立春（含）後七日，驚蟄後十四日，清明後二十一日，立夏後八日，芒種後十六日，小暑後二十四日，立秋後九日，白露後十八日，寒露後二十七日，立冬後十日，大雪後二十日，小寒後三十日所謂之氣往亡。

(七)災煞日

所謂災煞日以月令論，為月之禁神所值之日，逢是日宜靜不宜動，如出行、赴任、納采、嫁娶、起基動土均不宜，尤忌訴訟與人爭執。災煞日分述如下：

128

一月逢子日。　七月逢午日。

二月逢酉日。　八月逢卯日。

三月逢午日。　九月逢子日。

四月逢卯日。　十月逢酉日。

五月逢子日。　十一月逢午日。

六月逢酉日。　十二月逢卯日。

上述各月所逢之日支均為子、酉、午、卯之日，此四日均為關隔之日，事多阻礙。

㈡月煞日

所謂月煞者，月內之殺神，肅殺之氣化重，如一年之秋、栽成萬物之期，宜收而斂之，不宜生而長之。故月煞日不宜出行、嫁娶、移徙、栽種，尤忌訪友作

129

客及留客在家。月煞日分述如下：

一月逢丑日。　七月逢未日。

二月逢戌日。　八月逢辰日。

三月逢未日。　九月逢丑日。

四月逢辰日。　十月逢戌日。

五月逢丑日。　十一月逢未日。

六月逢戌日。　十二月逢辰日。

上述各月所逢之日均為丑、戌、未、辰之日，此四日均為墓庫日，事多延

滯、沉寂。

㈠月忌日

農曆每月初五、十四、二十三日為月忌日，不宜有所攸往，如祭祀、祈福、

赴宴、求醫、修造等事，諸多不宜，不過逢是日之干支若與自己年命的喜用神相合，仍可選用。

俗云：「命好不如運好，大運好不如小運好。」又說：「年好不如月好，月好不如日好，日好不如時好。」與我們越臨近的好最重要，每天時辰的宜忌對事之影響有直接的關係。

接下來我們介紹時之吉凶：

(三) 日祿時神

古云：一祿抵千財。祿是逢時得位命中所有，時到自來，事半而功倍。財則不同，是要耗己心力，往外求取。故逢日之祿時，就是每天的好時辰。所謂日之祿神以日干而論，分述如下：

甲日見寅時、乙日見卯時、丙日見巳時、丁日見午時、戊日見巳時、己日見午時、庚日見申時、辛日見酉時、壬日見亥時、癸日見子時，為日祿臨時，是當天的好時辰。

(三) 貴神臨時

日之貴神，又稱天乙貴人；貴神者，至尊至貴之神也。貴神乘臨之位因日干之變換而移動，貴神又分陽（日）貴神與陰（夜）貴神，以所臨之地支而分，在卯、辰、巳、午、未、申之時位用陽貴，在酉、戌、亥、子、丑、寅之時位用陰貴，以卦氣之消長而分，在亥、子、丑、寅、卯、辰之時位為陽氣化漸長用陽貴，在巳、午、未、申、酉、戌之時位為陰氣化漸長用陰貴，其所依據的理論暫不詳述，貴神臨時茲分述如下：

甲日逢未時為陽貴時辰，逢丑時為陰貴時辰。

乙日逢申時為陽貴時辰，逢子時為陰貴時辰。

丙日逢酉時為陽貴時辰，逢亥時為陰貴時辰。

丁日逢亥時為陽貴時辰，逢酉時為陰貴時辰。

戊日逢未時為陽貴時辰，逢丑時為陰貴時辰。

(三)喜神時辰：

己日逢子時為陽貴時辰，逢申時為陰貴時辰。

庚日逢丑時為陽貴時辰，逢未時為陰貴時辰。

辛日逢寅時為陽貴時辰，逢午時為陰貴時辰。

壬日逢卯時為陽貴時辰，逢巳時為陰貴時辰。

癸日逢巳時為陽貴時辰，逢卯時為陰貴時辰。

喜神之位者，日干所喜臨之時辰也，祥和歡喜是一天中的好時辰。分述如

下：

甲日見寅時。　己日見寅時。

乙日見戌時。　庚日見戌時。

丙日見申時。　辛日見申時。

丁日見午時。　壬日見午時。

戊日見辰時。　癸日見辰時。

(三) 五不遇時

所謂五不遇時，係指時干剋日干，對當日而言為凶時；即使當日吉日，好事

仍落空。茲分述如下：

甲日逢庚時。　己日見乙時。

乙日逢辛時。　庚日見丙時。

丙日逢壬時。　辛日見丁時。

丁日逢癸時。　壬日見戊時。

戊日逢甲時。　癸日見己時。

(四) 六十甲子日之吉辰凶時

前人根據六十甲子時五行干支之生、剋、制、化的經驗累積，統計了下述的

吉辰凶時：

六甲日	吉　　　時	凶　　　時
甲子日	丑、寅、卯、子	午
乙丑日	卯、巳、寅、申	未
丙寅日	子、丑、辰、未	申
丁卯日	寅、午、卯、未	酉、辰
戊辰日	寅、巳、申	戌、辰
己巳日	寅、丑、巳、辰	亥、未
庚午日	丑、卯、由	子、未
辛未日	寅、卯、巳、申	丑
壬申日	子、丑、辰、巳	寅
癸酉日	寅、巳、午、未	卯
甲戌日	丑、卯、巳、亥	辰

乙亥日　丑、辰、未、戌　　　　　巳

丙子日　子、丑、寅、卯　　　　　午、戌

丁丑日　亥、卯、巳　　　　　　　未、寅

戊寅日　辰、巳、未、午　　　　　申

己卯日　寅、卯、午、未　　　　　酉、申

庚辰日　亥、寅、辰　　　　　　　戌、酉

辛巳日　丑、辰、午、未　　　　　亥

壬午日　丑、卯、午、未　　　　　子

癸未日　寅、卯、辰、巳　　　　　丑、酉

甲申日　子、丑、辰、巳　　　　　寅、午

乙酉日　子、丑、寅、酉　　　　　卯

丙戌日　子、丑、寅、巳、午　　　辰、戌

丁亥日　丑、辰、酉、亥　　　　　巳

戊子日　卯、巳　　　　　　　　　午

壬寅日　子、丑、午、未　申

辛丑日　寅、卯、申、酉、亥　未

庚子日　子、丑、卯、申、酉　午

己亥日　子、丑、寅、午　巳、酉

戊戌日　寅、卯、未、申　辰、巳

丁酉日　子、丑、午　卯

丙申日　子、丑、未、戌　寅

乙未日　寅、卯、午、申　丑

甲午日　丑、寅、卯、午、未　子

癸巳日　丑、卯、辰、巳　亥

壬辰日　丑、寅、辰、巳　戌

辛卯日　子、寅、卯、巳　酉

庚寅日　子、丑、辰、巳　申、亥

己丑日　寅、卯、巳　未、酉

137

癸卯日　寅、卯、巳、午　　　　　　　　酉

甲辰日　子、丑、巳、申　　　　　　戌、午

乙巳日　丑、巳、辰、未　　　　　　　　亥

丙午日　丑、午、申、酉　　　　　　　　子

丁未日　巳、午、申　　　　　　　　丑、酉

戊申日　子、丑、辰、巳　　　　　　寅、申

己酉日　子、午、未　　　　　　卯、辰、申

庚戌日　丑、巳、午、申、亥　　　　　　辰

辛亥日　丑、午、未、申　　　　　　　　巳

壬子日　子、丑、未、酉　　　　　　　　午

癸丑日　寅、卯、辰、巳　　　　　　　　未

甲寅日　丑、寅、未、戌　　　　　　　　申

乙卯日　子、卯、午、未　　　　　　　　酉

丙辰日　子、寅、申、酉　　　　　　戊、卯

丁巳日　辰、巳、午、未　　　亥、卯、申、酉

戊午日　卯、辰、午　　　子、未、寅

己未日　寅、卯、巳　　　丑、子、辰、午、酉

庚申日　辰、巳、未、申、酉　寅

辛酉日　巳、午、未　　　卯

壬戌日　巳、午、未、申、酉、亥　辰

癸亥日　卯、辰、午、未　　　巳

上述所列之吉辰凶時，配合各人年命之喜忌參考選用，期能確實掌握吉日良

辰。

九、當日紀要
十、節氣紀要

「當日紀要」欄所列之內容，明確的記載日之吉凶、諸神菩薩的聖誕，及相關的節日等，使我們很清晰的知道是日大要。

「節氣紀要」欄內，有二十四節氣當天的日出、日落時間，各地區農植物種植及漁撈的品項，有些農民曆還介紹了二十四節氣命名之由來。在此亦將由來簡列如下：

立春：時為春氣始至，四時之卒始（循環之終始），故名立春。

雨水：時為東風解凍，冰雪皆散而為水，化而為雨，故名雨水。

驚蟄：時為雷鳴動，蟄蟲皆震超而出，故名驚蟄。

春分：日行周天，南北兩半球晝夜均分，又當春之半，故名春分。

清明：時為萬物潔顯而清明，氣清景明，故名清明。

穀雨：雨生日穀，時為必雨下降、百穀滋長之意，故名穀雨。

立夏：時此萬物皆已長大，故名立夏。

小滿：時此萬物少得盈滿，麥至此方小滿而未全熟，故名小滿。

芒種：時此可種有芒之穀，過此則失效，故名芒種。

夏至：萬物於此，皆假大而極至，時夏將至，故名夏至。

小暑：時此天氣已熱，尚未達於極點，故名小暑。

大暑：時此天氣甚熱，過於小暑，故名大暑。

立秋：時此陰意出地，始殺萬物，禾穀熟成，故名立秋。

處暑：時此暑氣將退戌而潛處，故名處暑。

白露：時此陰氣漸重，凝而為露，故名白露。

秋分：時此南北兩半球晝夜均分，又當秋之半，故名秋分。

寒露：時此露寒而冷將欲凝結，故名寒露。

霜降：時此露則結為霜而下降，故名霜降。

立冬：冬者終也，時此萬物終成，故名立冬。

小雪：時此天已積陰，寒未深，雪未大，故名小雪。

大雪：時此積陰為雪，栗然而大形於小雪，故名大雪。

冬至：時此陰氣始至明，陽氣初萌，日行南至，北半球晝最短、夜最長之日，故名冬至。

小寒：時此天氣漸寒尚未大冷，故名小寒。

大寒：時此寒烈已極，故名大寒。

教你看懂農民曆的第一本書

芒神身高三尺六寸五分，
面如童子像，
紅衣黑腰帶，
平梳兩髻在耳後，
行纏鞋褲俱全，
早忙立於牛前左邊。

十一、當日干支

干支者,天干與地支的排列組合順序。

天干有十:甲、乙、丙、丁、戊、己、庚、辛、壬、癸。

地支有十二:子、丑、寅、卯、辰、巳、午、未、申、酉、戌、亥。

天干與地支的配合,也就是一般所稱的六十甲子。中國昔時在紀年紀月紀日與紀時上,都是以六十為一周期,因為天干是十個,地支有十二個,兩者各按順序排列,恰巧排成六十個;又將之分為六旬,十日為一旬,所以六旬為一個周期。

它的秩序如下:

第一旬(甲子旬):甲子、乙丑、丙寅、丁卯、戊辰、己巳、庚午、辛未、壬申、癸酉。

第二旬(甲戌旬):甲戌、乙亥、丙子、丁丑、戊寅、己卯、庚辰、辛巳、壬午、癸未。

第三旬（甲申旬）：甲申、乙酉、丙戌、丁亥、戊子、己丑、庚寅、辛卯、壬辰、癸巳。

第四旬（甲午旬）：甲午、乙未、丙申、丁酉、戊戌、己亥、庚子、辛丑、壬寅、癸卯。

第五旬（甲辰旬）：甲辰、乙巳、丙午、丁未、戊申、己酉、庚戌、辛亥、壬子、癸丑。

第六旬（甲寅旬）：甲寅、乙卯、丙辰、丁巳、戊午、己未、庚申、辛酉、壬戌、癸亥。

依天干與地支的組合，我們可以知道，在六十甲子中，陽干必配陽支，陰干必配陰支。擇日之吉凶都是依當天的干支，與自身五行相配合的關係而定。

十二、納音五行

古時音律均以五行四時之序而定，因一律含五音，十二律含六十音。

凡氣始於東方而右行，音則起於西方而左行；陰陽相錯，而生變化。

所謂氣始於東方者，四時始於木也，右行傳於火、火傳於土、土傳於金、金傳於水。所謂音始於西方者，五音始於金，左行傳於火、火傳於木、木傳於水、水傳於土。因之納音五行與干支的五行是不同的，古人以正五音而知序政，入境聞音則知施政之得失，「音」亦秉天地五行之應氣，五音不正，則時序有乖，樂聲不和，而禮無節，故知其政難和，其深意只是我們這不肖子孫所不能體會的，故置而不談。限於篇幅無法在此評述納音之法，茲將六十甲子納音五行摘錄如下：

甲子乙丑海中金，丙寅丁卯爐中火，戊辰己巳大林木，庚午辛未路傍土，壬申癸酉劍鋒金。

甲戌乙亥山頭火，丙子丁丑澗下水，戊寅己卯城頭土，庚辰辛巳白蠟金，壬

午癸未楊柳木。

甲申乙酉泉中水，丙戌丁亥屋上土，戊子己丑霹靂火，庚寅辛卯松柏木，壬

辰癸巳長流水。

甲午乙未沙中金，丙申丁酉山下火，戊戌己亥平地木，庚子辛丑壁上土，壬

寅癸卯金箔金。

甲辰乙巳復燈火，丙午丁未天河水，戊申己酉大驛土，庚戌辛亥釵釧金，壬

子癸丑桑柘木。

甲寅乙卯大溪水，丙辰丁巳沙中土，戊午己未天上火，庚申辛酉石榴木，壬

戌癸亥大海水。

甲子乙丑海中金，甲子與乙丑的干支，納音為「金」。

丙寅丁卯爐中火，丙寅與丁卯的干支，納音為「火」。海中金、劍鋒金、白

蠟金、爐中金、山頭火，不只是押韻而已，也有特別的意思。

例如海中金係言其金的氣化尚微，不可言用，所以甲子、乙丑日納音之金，乃潛藏之金也，但劍鋒金則大不相同，金，其利如刃，但防亢而有悔，讀者宜玩味其辭。

十三、建除十二神

所謂建除十二神名稱及次序分別如下：

一建、二除、三滿、四平、五定、六執、七破、八危、九成、十收、十一開、十二閉。

十二順序，周而復始，正配合六十甲子順序使用。

順序選定的原則，和一個月中，各日的關係為：日支與月支相同之日為建日，例如在子月裏，將建位與子日相配合，然後依順序排列輪值，在每月月建交接之日，以前一日或當日之值神重複一日，以符合建日的原則。

參看農民曆，凡逢立春、驚蟄、清明、立夏、芒種、小暑、立秋、白露、寒露、立冬、大雪、小寒等十二節當日，與前或後一日，均有值神重複的現象。茲將建除十二神概述如下：

150

建日：建日者，健而不已，旺相之日也。利於向外發展，出行、入學、結婚、求財、赴任都是吉日，忌掘井、乘船。

除日：除日者，革故鼎新之日也。療病、祭祀、除服都是吉日，忌納采、出行、掘井。

滿日：滿日者，豐收圓滿之日也。祭祀、祈福、嫁娶、開市、納財都是吉日，忌安葬、服藥、栽種。

平日：平日者，安定平常，守成之日也。造屋、嫁娶、祈福、求財、移徙都是吉日，忌掘井。

定日：定日者，按定不動，守機待時之日也。可瞻前顧後規劃未來，諸事不宜昌進，尤忌訴訟、出行。

執日：執日者，萬事執斷吉，當機立斷之日也。緝凶、捕盜、嫁娶、造屋都是吉日，忌移徙、出行。

破日：破日者，諸事不美，皆有所損之日也。諸事不宜。

危日：危日者，危險警惕之日也。諸事不宜，尤忌登山、行船、登車。

151

成日：成日者，萬事成就之日也。造屋、嫁娶、入學、出行、開市、移徙都是吉日，忌訴訟。

收日：收日者，收而有成之日也。開市、納財、立券交易、嫁娶、移徙諸事多宜，忌出行、安葬。

開日：開日者，積極進取之日也。除忌安葬外，諸事皆宜。

閉日：閉日者，萬事閉塞之日也。僅宜安葬、埋穴、埋池、築堤，其餘諸事不宜，尤不宜求醫、問藥。

十四、宜忌解說

在農民曆中，每日宜、忌均有註明，然許多行事術語，讀者並不一定都了解，茲解釋如下：

◆ 祭祀——指祠堂之祭祀，即拜祭祖先或廟寺的祭拜、拜神明等事。

◆ 祈福——祈求神明降福或設醮還願之事。

◆ 求嗣——指向神明祈求後嗣（子孫）之意。

◆ 開光——神佛像塑成後，供奉上位之事。

◆ 塑繪——寺廟之繪畫或雕刻神像、畫雕人像等。

◆ 出行——指外出旅行、觀光遊覽。

◆ 齋醮——設醮建立道場祈拜、求平安等事。

◆ 出火——謂移動神位，「火」指「香火」而言。

153

◆ 納采、結婚——締結婚姻的儀式、受授聘金。

◆ 裁衣——裁製新娘衣服或製作壽衣。

◆ 合帳——製作蚊帳之事。

◆ 冠笄——「冠」指男、「笄」指女，舉行男女成人的儀式，稱之為冠笄。

◆ 嫁娶——男娶女嫁，舉行結婚大典的吉日。

◆ 納婿——指男方入贅於女方為婿之意。同嫁娶。

◆ 沐浴——指沐浴齋戒而言。

◆ 剃頭——初生嬰兒剃胎頭，或削髮為僧、尼。

◆ 整手足甲——初生嬰兒第一次修剪手腳指甲。

◆ 分居——指大家庭分家，各自另起爐灶之意。

◆ 進人口——指收納養子女而言。

◆ 解除——指沖洗清掃宅舍、解除災厄等事。

◆ 修造——指陽宅之豎造與修理。

◆ 起基動土——建築時，第一次動起鋤頭挖土。

◆伐木做樑──砍伐樹木製作屋頂樑木等事。

◆豎柱──堅立建築物的柱子。

◆上樑──裝上建築物屋頂的樑木。同架馬。

◆開柱眼──指做柱木之事。

◆穿枋扁架──製作門扇、屏障等工作。

◆安門──房屋裝設門戶等工事。

◆蓋屋合脊──裝蓋房屋的屋頂等工作。

◆安床──指安置睡床臥舖之意。

◆移徙──指搬家遷移住所之意。

◆入宅──即遷入新宅，所謂「新居落成典禮」也。

◆掛匾──指懸掛招牌或各種匾額。

◆開市──「開業」之意。商店行號開張做生意；「開幕禮」「開工」同，包括①年頭初開始營業或開工等事。②新設店舖商行或新廠開幕等事。

教你看懂農民曆的第一本書

◆ 立券交易——訂立各種契約互相買賣之事。

◆ 納財——購置產業、進貨、收帳、收租、討債貸款、五穀入倉等。

◆ 醞釀——指釀酒、造醬料等事。

◆ 捕捉——撲滅農作物害蟲或作物。

◆ 畋獵——打獵或捕捉禽獸是也。

◆ 栽種——種植物，「接果」、「種田禾」同。

◆ 納畜——買入家畜飼養之。

◆ 教牛馬——謂訓練牛馬之工作。

◆ 破屋壞垣——指拆除房屋或圍牆。

◆ 拆卸——拆掉建築物。

◆ 開井、開池——開鑿水井、挖掘池塘。

◆ 作陂、放水——建築蓄水池，將水灌入蓄水池。

◆ 開廁——建造廁所。

◆ 造倉庫——建築倉庫或修理倉庫。

156

◆ 塞穴——指堵塞洞穴或蟻穴等。

◆ 平治道塗——指鋪平道路等工事。

◆ 修墓——修理墳墓等事。

◆ 啟攢——指「洗骨」之事。俗謂「拾金」也。

◆ 開生墳——開造墳墓。

◆ 合壽木——製作棺林。

◆ 入殮——將屍體放入棺材之意。

◆ 成服、除服——穿上喪服、脫下喪服。

◆ 移柩——舉行葬儀時，將棺木移出屋外之事。

◆ 破土——僅指埋葬用的破土，與一般建築房屋的「動土」不同，即「破土」屬陰宅，「動土」指陽宅也。

◆ 謝土——建築物完工後，所舉行的祭祀。

◆ 安葬——舉行埋葬等儀式。

157

十五、歲次干支

甲、乙、丙、丁、戊、己、庚、辛、壬、癸十天干，是為記「日」方便所用之符號；子、丑、寅、卯、辰、巳、午、未、申、酉、戌、亥十二地支，也是為了記月、辰、歲之代號，而此十天干、十二地支所用之代號，均以地球環繞太陽運行所生四時四季春夏秋冬物生物滅之現象而命名。例「卯」者茂也、「酉」者老也。卯木適逢春茂，而酉金逢秋禾實老也等，非「卯」即「兔」，「酉」即「雞」而已。猶如今日化學所用之各種代號。

我國農曆以一月為三十日為準，以十天干記日為最方便，但月以十二紀為一歲，故以十二地支記月、辰。以十天干配十二地支、以六十甲子為一循環，因用六十甲子，使記時、日、月、歲永無斷續；而子、丑等代號，除時序的意義之外，以人民日常所畜及所見之禽畜取象，使民易記易取而已。

十六、太歲之姓名

太歲即當年執事之神，六十甲子各有值年之太歲，其姓名分述如下：

甲子年太歲姓金名赤，一說名辨。

乙丑年太歲姓陳名泰，一說名材。

丙寅年太歲姓沈名興。

丁卯年太歲姓耿名章。

戊辰年太歲姓趙名達。

己巳年太歲姓郭名燦。

庚午年太歲姓王名清。

辛未年太歲姓李名素，一說名倐，一說姓召名於。

壬申年太歲姓劉名旺。

159

癸酉年太歲姓康名志，一說名忠。

甲戌年太歲姓誓名廣。

乙亥年太歲姓伍名保，一說名倖。

丙子年太歲姓郭名嘉。

丁丑年太歲姓汪名文。

戊寅年太歲姓曾名光。

己卯年太歲姓伍名仲，一說姓龔。

庚辰年太歲姓童名德，一說姓董。

辛巳年太歲姓鄭名祖。

壬午年太歲姓路名明，一說姓陸。

癸未年太歲姓魏名仁。

甲申年太歲姓方名公，一說名杰。

乙酉年太歲姓蔣名崈，一說名嵩。

丙戌年太歲姓向名般，一說姓白。

丁亥年太歲姓封名齊，一說姓均。

戊子年太歲姓郢名班，一說名鏜。

己丑年太歲姓潘名傡，一說名佑。

庚寅年太歲姓鄔名桓。

辛卯年太歲姓氾名寧。

壬辰年太歲姓彭名泰。

癸巳年太歲姓徐名舜。

甲午年太歲姓張名詞。

乙未年太歲姓楊名賢。

丙申年太歲姓管名仲。

丁酉年太歲姓康名傑。

戊戌年太歲姓姜名武。

己亥年太歲姓謝名壽，一說名濤。

庚子年太歲姓虞名起，一說名超。

161

辛丑年太歲姓湯名信。

壬寅年太歲姓賀名諤。

癸卯年太歲姓皮名時。

甲辰年太歲姓李名成，一說名誠。

乙巳年太歲姓吳名遂。

丙午年太歲姓文名折，一說名祐。

丁未年太歲姓廖名丙，一說姓繆。

戊申年太歲姓俞名志。

己酉年太歲姓程名寅，一說名實。

庚戌年太歲姓化名秋，一說姓伍，一說姓倪名秒。

辛亥年太歲姓葉名堅，一說名鏗。

壬子年太歲姓邱名德，一說姓丘。

癸丑年太歲姓林名薄，一說名溝。

甲寅年太歲姓張名朝。

乙卯年太歲姓方名清，一說姓萬。

丙辰年太歲姓辛名亞。

丁巳年太歲姓易名彥。

戊午年太歲姓姚名黎，一說黎名卿。

己未年太歲姓傅名悅，一說名儻。

庚申年太歲姓毛名倖，一說名梓。

辛酉年太歲姓文名政，一說名石。

壬戌年太歲姓洪名汜，一說名尅。

癸亥年太歲姓虞名程。

十七、黃帝地母經

黃帝地母經，也稱「地母經」。地母者，地神也，即地媼，也稱「后土夫人」。地母經係先人累積經驗，體會流年變化，根據每年的干支，預測當年天道、人事的損益，按六十甲子的順序，分別寫成詩詞，每六十年重複一次。

地母經給我們的啟示不在於它是否靈驗，而在於我們是否確守趨吉避凶之道，「無悔而吝」，先盡人事而後聽天命。茲將地母經以六十甲子順序詳列如下：

太歲甲子年，水潦損田疇。
蠶姑雖即喜，耕夫不免愁。
桑柘無人採，高低禾稻收。
春夏多淹浸，秋冬少滴流。
吳楚桑麻好，齊燕禾麥稠。
陸種無成實，鼠雀共啾啾。
地母曰：少種空心草，多種老婆顏。

白鶴土中渴，黃龍水底眠。

雖然桑葉茂，綢絹不成錢。

太歲乙丑年，春瘟害萬民。偏傷於魯楚，多損魏燕人。高田宜早種，晚禾成

如珍。

八分。

蠶娘爭鬧走，枝葉亂紛紛。漁父沿山釣，流郎陌上巡。牛羊多瘴死，春夏米

地母曰：水牯田頭臥，犢子水中眠。

桑葉初生貴，三伏不成錢。

有人解言語，種植倍收全。

太歲丙寅年，蟲獸沿林走。疾疫多憂煎，燕子居山巖。

牛羊宿高荒，蝦魚入庭牖。燕魏桑麻貴，荊楚禾稻厚。

地母曰：桑葉初賤不成錢，蠶娘無分卻相煎。

魚行人道豆麻少，晚禾焦枯多不全。

貧兒乏糧相對泣，只愁米穀貴當年。

太歲丁卯年，猶未得時豐。春來多雨水，旱涸在秋冬。

農夫相對泣，耕種枉施工。魯魏桑麻實，梁宋麥苗空。

地母曰：桑葉不值錢，種禾秋有厄。

低田多不收，高田還本獲。

宜下空心草，黃龍臥山陌。

太歲戊辰年，禾苗蟲橫起。人民多疾病，六畜憂多死。龍頭出角年，水旱傷

淮楚。

低田莫種多，秋季憂洪水。桑葉無定價，蠶娘空自喜。豆麥秀山岡，結實無

多子。

地母曰：龍頭禾半熟，蛇頭喜得全。

流郎夏中少，豆麥滿山川。

天蟲三眠起，桑葉不值錢。

太歲己巳年，魚遊在路衢。乘船登隴陌，龜鱉入溝渠。春夏多潦浸，楊楚及胡蘇。

早禾宜闊種，一顆倍千株。蠶娘哭蠶少，桑葉貴如珠。

地母曰：歲里逢蛇出，人民賀太平。

桑麻吳地熟，豆麥越淮青。

多種天仙草，秋冬倉廩盈。

雖然多雨水，黎庶盡忻歡

太歲庚午年，春蠶多災厲。洪饒水旱傷，荊襄少穀米。桑葉貴如金，蠶娘空作計。

春夏流郎歸，秋來還有慶。早禾與晚禾，不了官中稅。

167

地母曰：白鶴田中渴，黃龍隴上眠。
蠶婦攜筐走，求葉淚滔滔。
春夏多雨水，秋冬地少泉。
有人會我意，識候在其年。

太歲辛未年，高下盡可憐。江東豆麥秀，魏楚少流泉。
桑葉初還貴，向後不成錢。國土無災難，人民須感天。
地母曰：玉女衣裳秀，青牛陌上黃。
從今兩三載，貧富總成倉。
若人識此語，種植足飯糧。

太歲壬申年，春秋多浸溺。高下地無偏，中夏甘泉少。
豆麥方岐秀，桑葉稍成錢。耕夫與蠶婦，相見勿憂煎。
地母曰：白鶴土中秀，水枯半山青。

高低皆得稔，地土喜安寧。

三冬足嚴凍，六畜有傷刑。

太歲癸酉年，人民亦快活。雨水在三春，陰凍花無實。

蠶娘走不停，爭忙蠶桑葉。蝴蝶飛高隴，耕夫愁殺人。

地母曰：春夏人厭雨，秋冬混魚鱉。

早禾收得全，晚禾半活滅。

絲綿價例高，種植多耗折。

燕宋少桑麻，齊吳豐豆麥。

禾稟物增高，封疆主盜賊。

太歲甲戌年，早禾有蝗蟲。吳浙民勞疫，淮楚糧儲空。蠶婦提籃走，田夫枉用工。

早禾雖即好，晚禾薄薄豐。春夏多淹沒，秋深滴不通。多種青年草，少植白

頭翁。

六畜冬多瘴，又恐犯奸凶。

地母曰：春來桑葉貴，秋至米糧高。

農田九得半，一半是篷篙。

廻船。

太歲乙亥年，高下總無偏。淮楚憂水潦，燕吳禾麥全。九夏甘泉竭，三秋衢

橫纏。

蠶娘吃青飯，桑葉淚漣漣。絲綿入皆貴，麻米不成錢。六畜多瘴疾，人民少

地母曰：蠶娘眉不展，攜筐討葉忙。

更看五六月，相望哭流郎。

太歲丙子年，春秋多雨水。桑葉無人要，青女如金貴。黃龍土內盤，化成蝴

蝶起。

穀少。

太歲戊寅年，高下禾苗秀。桑葉枝頭空，討蠶爭鬥走。吳楚值麥多，齊燕米

太歲丁丑年，高下物得收。桑葉初還賤，蠶娘未免愁。春夏多淹沒，鯉魚庭

際遊。

燕齊生炎熱，秦吳沙漠浮。黃牛岡際臥，青女逐波流。六畜多瘴難，家家無

一留。

地母曰：少種黃蜂子，多下白頭翁。

農夫相賀喜，盡道歲年豐。

絲綿綢絹貴，稅賦急啾啾。

蠶娘空房坐，前喜後懷愁。

地母曰：田禾憂鼠耗，豆麥半中收。

高田半成實，低下禾後喜。魯衛多炎熱，齊楚五穀美。

171

三春流郎歸，九秋多苗長。百物價例高，經商相懊惱。

地母曰：蠶娘行鄉村，人民皆被傷。

冬令嚴霜雪，災劫起妖狂。

早娶田家女，莫見犯風寒。

太歲己卯年，耕田多快活。春來多雨水，種植還逢渴。夏多雨秋足，流蕩遭

淹沒。

蠶娘沿路行，無葉相煎逼。黃龍山際臥，逡巡化蝴蝶。禾稻秋來秀，農家早

收割。

淮魯人多疾，吳楚桑麻活。

地母曰：春中溪澗竭，秋苗入土焦。

蠶姑望天泣，桑樹葉下生。

黃黍不成粒，六畜多瘟妖。

三秋多淹沒，九夏白波漂。

農民曆常用術語

太歲庚辰年，燕衛災殃起。六畜盡遭傷，田禾蝗蟲起。

春夏地竭泉，秋冬豐實子。桑葉賤如土，蠶娘哭少絲。

地母曰：少種豆，多種麻。

家長皆得收，處處總相似。

春夏少滴流，秋冬飽雨水。

農務急如煎，莫待冰凍起。

太歲辛巳年，鯉魚庭際逢。高田猶可望，低下枉施工。桑葉初來賤，末後蠶

貴龍。

蠶娘相對泣，筐箱一半空。燕楚麥苗秀，趙齊禾稻豐。六畜多瘴氣，人民瘴

疾重。

地母曰：蠶娘未為歡，果貴大錢快。

車頭千萬兩，縱子得輸官。

173

太歲壬午年，水旱不調勻。高田雖可望，低下枉施工。

蠶麥家家秀，蠶娘喜周全。蠶蠶皆望葉，及早莫因循。

地母曰：吳楚好蠶桑，魯魏分多災。

多下空心草，少種老婆顏。

桑葉後來貴，天蟲及早催。

晚禾縱淹沒，耕夫不用哀。

太歲癸未年，高下盡堪憐。一井百家共，春夏少甘泉。燕趙豆麥秀，齊吳多

偏頗。

天蟲待當歲，討葉怨蒼天。六種宜成早，青女得貌鮮。

地母曰：歲若逢癸未，用蠶多種意。

青牛山上秀，一子倍盈穗。

更看三秋後，產滿閑田地。

太歲甲申年，高低定可憂。春來雨不足，早禾枯焦死。

秋後無雨水，魯衛生瘟瘴。燕齊粒不收，桑葉前後貴。

地母曰：歲逢甲申裏，旱枯切須防。

高低苗不秀，燕齊主彷徨。

舟船空下載，仰面哭流郎。

太歲乙酉年，雨水不調勻。早晚雖收半，田夫亦苦辛。燕魯桑麻好，荊吳麥

豆青。

蠶娘雖足葉，簇上白如銀。三冬雪嚴凍，淹沒浸車輪。

地母曰：田蠶半豐足，種作不宜遲。

空心多結子，禾稻生蝗起。

看蠶娘賀喜，總道得銀絲。

太歲丙戌年，夏秋井無泉。春秋多淹沒，耕鋤莫怨天。早禾宜早下，晚稻早

留連。

益桑麻乏，吳齊最可憐。桑葉初生賤，蠶老卻成錢。

地母曰：歲臨於丙戌，高下皆無失。

豆麥穿土長，在處得成實。

六畜多瘟瘴，人民少災疾。

太歲丁亥年，高低盡得通。吳越桑麻好，秦淮豆麥通。

三冬足雨水，九夏禾無蹤。桑葉前後貴，簇畔不施工。

地母曰：夏種逢秋渴，秋得八分成。

人民多瘧瘴，六畜盡遭迍。

太歲戊子年，疾橫相侵奪。吳楚多災瘴，燕齊民快活。種植高下偏，鼠耗不成割。

春夏淹沒場，秋冬土龍渴。桑葉頭尾貴，簇上如霜雪。

地母曰：歲中逢戊子，人飢災橫死。

玉女土中成，無人收拾汝。

若得見三冬，瘟瘴始起。

太歲己丑年，高低得成穗。燕魯遭兵殺，趙衛奸妖起。春夏豆麥豐，秋多苗

穀媚。

太歲庚寅年，人物事風流。麻麥雖然秀，禾苗多損憂。燕宋多淹沒，梁吳兵

禍侵。

玉女田中臥，耕夫無一二。桑葉自青青，誰能採得汝。

地母曰：歲名值破田，早晚得團圓。

金玉滿街道，羅綺不成錢。

桑葉初生賤，後貴何處求。田蠶如金價，桑葉好搔抽。

地母曰：虎年高下熟，水旱又當年。

黃牛耕玉出，青年臥隴前。

177

稼穡經霜早，田家哭淚連。

更看來春後，人民相逼煎。

太歲辛卯年，高下甚辛勤。麻麥逢淹沒，禾苗早得榮。秦淮受飢餒，吳燕旱

澇頻。

桑柘不生葉，蠶姑說苦辛。天蟲少成災，絲綿換金銀。強徒多瘴疫，善者少

災迍。

地母曰：玉兔出年頭，處處桑麻好。

早禾大半收，晚稻九分好。

穀米稼穡高，漸漸相煎討。

要看龍頭來，耕夫少煩惱。

太歲壬辰年，高下恐遭傷。春夏蛟龍鬥，秋冬即集藏。豆麥無成實，桑麻五

穀康。

齊魯絕炎熱，荊吳好田桑。蠶子延筐臥，哭泣問蠶娘。見繭絲綿少，租稅急恓惶。

地母曰：是歲遇壬辰，蠶娘空度春。禾苗多有損，田家又虛驚。

太歲癸巳年，農民半憂色。豐歉各有方，封疆多種穀。楚地甚炎熱，荊吳無災厄。

桑柘葉苗秀，天蟲繭如雪。粟麥有偏頗，晚禾半收得。地母曰：蛇頭為歲號，陸種有虛耗。秋成五六分，老幼生煩惱。三冬足冰雪，晚秋宜及早。

太歲甲午年，人民不用憂。禾麥皆榮秀，高田全得收。吳越多風雹，荊襄井涓流。

蠶娘爭競走,哭葉鬧啾啾。蠶老多成繭,何須更盡憂。

地母曰:蛇去馬將來,稻麥喜倍堆。

人民絕災厄,牛羊亦少災。

讖候豐年裏,耕夫不用捐。

旱地。

太歲乙未年,五穀皆和穗。燕衛少田桑,偏益豐吳魏。春夏足漂流,秋冬多

成置。

桑葉初生賤,晚蠶還值貴。人民雖無災,六畜多瘴氣。六種不宜晚,收拾無

地母曰:歲逢羊頭出,高下中無失。

葉貴好蠶桑,斤斤皆有實。

施工。

太歲丙申年,高下浪濤洪。春夏遭淹凶,秋冬杳不通。早禾難得割,晚稻枉

180

成收。

太歲戊戌年，耕夫漸漸愁。高下多偏頗，雨水在春秋。燕宋豆麥熟，齊吳禾

桑柘葉苗盛，天蟲中半失。箱筐少絲綿，蠶娘無喜色。

地母曰：歲逢見丁酉，蠶葉多偏頗。

豆麥有些些，其苗高下可。

六畜瘴氣多，五穀不成顆。

太歲丁酉年，高低徒種植。春夏遭淹沒，秋冬少流滴。吳楚足咨嗟，荊楊虛

嘆息。

地母曰：歲首逢丙申，桑田亦主迍。

分野須當看，節候助黎民。

暴終。

燕宋好豆麥，秦淮麻米空。天蟲相稱走，蠶婦哭天公。六畜多災瘴，人民卒

181

桑葉初生賤，蠶娘未免憂。牛羊逢瘴氣，百物主漂遊。

地母曰：戊戌憂災咎，耕夫不足懂。

早禾雖即稔，晚稻不能全。

一晴兼一雨，三冬多雪寒。

太歲己亥年，人民多橫起。秋冬草木焦，春夏少秧蒔。豆麥熟燕吳，桑麻淮

魯死。

葉少天蟲多，蠶娘面無喜。稼穡不值錢，食困缺糧米。

地母曰：歲逢己亥初，貧富少糧儲。

蠶娘相對泣，採葉扳空枝。

更看春秋裏，蜂蝶滿村飛。

太歲庚子年，人民多暴卒。春夏水淹流，秋冬多飢渴。高田猶得半，晚稻無

可割。

秦淮足流蕩，吳楚多劫奪。桑葉須後賤，蠶娘情不悅。見蠶不見絲，徒勞用心切。

地母曰：鼠耗出頭年，高低多偏頗。

更看三冬裏，山頭起墓田。

太歲辛丑年，疾病稍紛紛。吳越桑麻好，荊楚米麥臻。春夏均甘雨，秋冬得十分。

桑葉樹頭秀，蠶姑自喜忻。人民漸蘇息，六畜瘴逡巡。

地母曰：辛丑牛為首，高低甚可憐。

人民留一半，快活好桑田。

太歲壬寅年，高低盡得豐。春夏承甘潤，秋冬處處通。蠶桑熟吳地，穀麥益江東。

桑葉不堪貴，蠶絲卻半豐。更看三秋裏，禾稻穗重重。人民雖富樂，六畜盡

遭凶。

地母曰：虎首值歲頭，在處好田苗。

桑柘葉下貴，蠶娘免憂愁。

禾稻多成實，耕夫不用憂。

太歲癸卯年，高低半憂喜。春夏雨雹多，秋來缺雨水。燕趙好桑麻，吳地禾稻美。

人民多疾病，六畜瘴煙起。桑葉枝上空，天蠶無可食。蠶婦走忙忙，提籃相對泣。雖得多綿絲，費盡人心力。

地母曰：癸卯兔頭豐，高低禾麥濃。

耕夫皆勤種，貯積在三冬。

桑葉雖然貴，絲綿卻已豐。

太歲甲辰年，稻麻一半空。春夏遭淹沒，秋冬流不通。魯地桑葉好，吳邦穀不豐。

桑葉未後貴，相賀好天蟲。估賣價例貴，雪凍在三冬。

地母曰：龍頭屬甲辰，高低共五分。

豆麥無成實，六畜亦遭迍。

更看冬至後，霜雪積紛紛。

太歲乙巳年，高下禾苗翠。春夏多漂流，秋冬五穀豐。豆麥美燕齊，桑柘益吳楚。

天蟲筐內走，蠶娘哭葉貴。絲綿不上秤，疋帛價無比。

地母曰：蛇頭值歲初，穀食盈有餘。

早禾莫令晚，蠶亦莫令遲。

夏季麥苗秀，三冬成實肥。

太歲丙午年，春夏多洪水。魯魏多疫災，穀熟益江東。種植宜高地，低源遭水衝。

天蟲見少絲，桑柘賤成籠。六畜多瘟疫，人民少卒終。

地母曰：馬首值歲裏，豐稔好田桑。

春夏須防備，種植怕流蕩。

豆麥並麻粟，偏好宜高崗。

太歲丁未年，枯焦在秋後。早禾稔會稽，晚禾豐吳越。宜下黃龍苗，不益空

心草。

桑葉前後貴，天蟲見絲少。春夏雨水調，秋來憂失稻。是物稼穡高，絲綿何

處討。

地母曰：若遇逢羊歲，高低中半收。

瘴煙防六畜，庶民也須憂。

太歲戊申年，豐富人煙美。燕楚足田桑，齊吳熟穀子。黃龍土中藏，化成蝴

蝶舞。

水浸。

太歲庚戌年，瘴疫害黎民。禾麻吳地好，麥稔在荊秦。春夏漂流沒，秋冬早

太歲己酉年，高低盡可憐。魯衛豐豆麥，淮吳好水田。桑柘空留葉，天蟲足

春夏遭淹沒，三冬雪結花。

百物長高價，民物有生涯。

地母曰：酉歲子桑麻，豆麥益家家。

蠶娘相怨惱，得繭少絲綿。六種植於早，收成得十全。

頗偏。

更看三冬裏，蝴蝶得成餐。

豆麥無成實，淹沒盡遭傷。

地母曰：高下偏宜早，遲晚見流郎。

種植莫低安，結實遭洪水。桑葉枝頭荒，蠶娘空自喜。

桑柘葉雖貴，天蟲成十分。田夫與蠶婦，相看喜欣欣。

地母曰：歲逢庚戌首，四方民初收。

高下田桑好，麻麥豆苗蔓。

嚴冬多雨雪，收成莫犯寒。

太歲辛亥年，耕夫多快活。春夏雨調勻，秋冬好收割。燕淮無瘴疾，魯衛不飢渴。

桑葉前後貴，蠶娘多喜悅。種植宜山坡，禾苗得盈結。

地母曰：豬頭出歲中，高下好施工。

蠶婦與耕夫，爭不荷天公。

六畜春多瘴，積薪供過冬。

太歲壬子年，旱澇耕夫苦。早禾一半空，秋後無甘雨。豆麥熟齊吳，飢荒及燕魯。

188

桑柘貴中賣，絲綿滿箱貯。百物無定價，一物五商估。

地母曰：鼠頭出值年，夏秋多甘泉。

麻麥不宜晚，田蠶切向前。

更憂三秋裏，瘟疾起纏延。

太歲癸丑年，人民多憂煎。淮吳主旱澇，燕宋定流連。黃龍與青牛，價例覓高錢。

桑柘葉不長，蠶娘愁不眠。禾苗多蛙蝗，收成苦不全。

地母曰：歲號牛為首，田桑五分收。

甘泉時或闕，淹沒在年冬。

六畜遭瘴厄，耕犁枉用工。

太歲甲寅年，早晚不全收。春夏遭淹沒，調食任秋冬。虎豹巡村野，人民不自由。

189

魯衛多炎熱，秦吳麥豆稠。桑柘前後貴，得半勿早抽。

地母曰：先歲民不泰，耕種枉施工。

桑柘葉難得，又是少天蟲。

五穀價初高，後來亦中庸。

太歲乙卯年，五穀有盈餘。秦燕麥豆好，吳越足糧儲。春夏水均調，秋冬鯉

入門。

天蠶雖然好，桑葉樹頭無。蠶娘相對泣，得繭少成絲。

地母曰：歲中逢乙卯，高下好田蠶。

豆麥山坡熟，禾糧在楚庭。

太歲丙辰年，春來雨水潤。豆麥乏齊燕，田蠶好吳越。牛犢瘴煙生，亦兼多

�疫。

桑葉樹頭多，蠶絲白如雪。夏秋無滴流，深冬足淹沒。

190

農民曆常用術語

地母曰：龍來為歲首，淹沒應須有。

豆麥宜早種，晚隨波流走。

太歲丁巳年，豐熟民多害。魯魏豆麥少，秦吳桑麻多。高低總得成，種植無

妨礙。

地母曰：蛇首值歲中，農夫宜種蒔。

桑葉前後空，天蟲好十倍。春夏多淹留，偏益秋冬在。

黃龍搬不盡，宜多下麥青。

蠶娘雖哭葉，還得秤頭絲。

太歲戊午年，高低一半空。楊楚遭淹沒，荊吳足暴風。豆麥宜低下，稻麥得

全工。

桑葉從生賤，蠶老貴絲從。蠶娘車畔美，絲綿倍常年。

地母曰：稀逢今歲裏，蠶桑無頗偏。

191

種植宜於早，美候見秋前。

雖然夏旱涸，低下得收全。

太歲己未年，種植家家秀。燕魏熟田桑，吳楚糧儲有。春夏流郎歸，鯉魚入庭牖。

桑葉應是賤，搔收娘子喜。豆麥結實多，宜在三陽後。

地母曰：是歲值羊首，高低民物歡。

稼穡多商估，來往足交關。

農夫早種作，莫候北風寒。

太歲庚申年，高下喜無偏。燕宋田桑全，淮吳米麥好。六畜多災瘴，人民少橫疫。

桑葉初生賤，去後又成錢。更看三陽後，秋葉偏相連。

地母曰：歲若遇庚申，四方民物新。

192

農民曆常用術語

耕夫與蠶婦，歡笑喜忻忻。

秋來有淹沒，收割莫因循。

太歲辛酉年，高低禾不美。齊魯多遭沒，秦吳六畜死。秋冬井無泉，春夏溝有水。

豆麥山頭黃，耕夫挑不起。蠶娘筐中泣，爭奈葉還貴。種植宜及早，遲晚恐失利。

豆麥高處好，低下恐難留。

地母曰：酉年民多瘴，田蠶七分收。

太歲壬戌年，高低亦不空。秦吳遭沒溺，梁宋豆麻豐。葉賤天蟲少，秧漂苗不稠。

雨水饒深夏，旱涸在高秋。六畜遭災瘴，田家少得牛。

地母曰：歲下逢壬戌，耕種宜麥粟。

193

低下虛用工，漂流無一粒。

春夏災瘴起，六畜多災疫。

太歲癸亥年，家家活業豐。春夏亦多水，豆麥主漂蓬。種蒔宜及早，晚者不成工。

吳地桑葉貴，江越少天蟲。禾麻還結實，旱潦忌秋中。

地母曰：歲逢六甲末，人民亦得安。

田桑七成熟，賦稅喜皇寬。

豆麥宜高處，封疆絕盜奸。

割禾須及早，莫過絕冬寒。

194

十八、歲時紀事

在歲時紀事中，我們也一併將土王用事、社日及三伏日、霉雨、液雨入出之日等，做詳細介紹。

(一) 歲時紀事

歲時紀事是先祖教導人民記憶每年、每日干支排列的一種簡易方法。舉例而言，農曆八十三年，在農民曆歲時紀事欄內，記載著二龍治水、蠶食二葉、三姑把蠶、五日得辛、十一牛耕地。二龍治水是指春節（農曆一月一日）起第二天，日支為「辰」（八十三年農曆一月二日為戊辰日），地支辰是龍，龍能治水是神話傳說，也因此我們可推知當年內每日的地支。光知道每日的地支是不夠的，所以又用五日得辛來告訴我們，在春節（農曆一月一日）起的第五天，日干逢「辛」（八十三年農曆一月五日為辛未日），如此一來，我們就可以推算當年內每日的

干支。

「十一牛耕地」，是指春節起第十一日地支為丑，（八十三年農曆一月十一日為丁丑日）地支丑是牛，牛是昔日農耕的最佳牲畜。這也是讓我們推算當日支的簡易方法。

「蠶食二葉」，是指春節起第二日見納音五行屬木便是。若春節起於第三日始逢納音五行為木，則為「蠶食三葉」。

「三姑把蠶」係指當年地支凡逢四孟（寅、申、巳、亥）年，稱為一姑把蠶，凡逢四仲（子、午、卯、酉）年，稱為二姑把蠶，凡逢四季（辰、戌、丑、未）年，稱為三姑把蠶。民國八十三年歲次甲戌，故紀事曰：三姑把蠶。

(二) 土王用事

王者旺也，土王即土旺之意也。古時以五行配四季，五行得令，則為旺為相，不得令則為休為囚為死。列表如下：

196

四季	冬	秋	夏	春
土旺	水旺	金旺	火旺	木旺
金相	木相	水相	土相	火相
水死	火死	木死	金死	土死
木囚	土囚	火囚	水囚	金囚
火休	金休	土休	木休	水休

五行者，當令者旺，我生者為相，我剋為死，剋我為囚，生我為休。所謂土王用事亦就是土旺之時日。一年之中土旺之日如下：

立春後木旺七十三日。

立春前十八又四分之一日土旺至立春。

立夏前十八又四分之一日土旺至立夏。

立夏後火旺七十三日。

立秋前十八又四分之一日土旺至立秋。

立秋後金旺七十三日。

立冬前十八又四分之一日土旺至立冬。

立冬後水旺七十三日。

民國八十三年農曆三月初七癸酉日亥時至立夏

　　六月十二丁未日卯時至立秋

　　九月十六己卯日未時至立冬

　　十二月十七戊申日酉時至立春

即為四立前十八又四分之一日土旺之始

(三)社日

　社日者，古代祭祀社神之日。漢朝以後，一般用戊日，以立春後第五個戊日為春社，立秋後第五個戊日為秋社，適逢春分、秋分前後。漢朝以前，只有春社；

農民曆常用術語

漢朝以後，始有春、秋二社。

昔時農莊逢社日之時，四鄰結會祭祀祈福，春社祈農作茂盛，秋社謝天之賜予稻穀豐收。

(四) 伏日

伏日也叫伏天，三伏的總稱。伏者，謂陰氣將起，迫於殘陽而未得升，故為藏伏。

所謂伏日係指小暑後第一個庚日開始為初伏，日期有三十天；大暑後的第三個庚日為中伏、第三個庚日為末伏，到了第四個庚日則出伏，這時已是在立秋之後了。俗語說「三伏帶秋」，就是這個意思了。

(五) 霉雨

霉者，物因潮濕生菌而變色變質，霉雨季節多雨而潮濕也；霉雨又有稱梅雨，江南梅子黃熟時，常陰雨連綿，故稱之。霉雨之入期為芒種後第一個丙日入

199

霉，出期為小暑後第一個未日出霉。

㈥ **液雨**

液雨者，係指立冬後十日謂入液，至小雪後稱出液，此時內得雨稱為液雨，亦稱藥雨。

十九、春牛芒神服色

民國八十三年農民曆，春牛芒神服色欄內記述：

春牛身高四尺，長八尺，尾一尺二寸。頭青色，身黃色，腹紅色，角、耳、尾白色，脛白色，蹄青色，尾左繳。牛口開，牛籠頭拘繩用桑柘木，芋繩結紅色，牛踏板縣門左扇。

芒神身高三尺六寸五分，面如童子像，紅衣黑腰帶，平梳兩髻在耳後，罨耳用右手提，行纏鞋褲俱全右行纏懸於腰，鞭杖用柳枝長二尺四寸，五彩醮染用芋結，芒神早忙立於牛前左邊。

芒神，也就是句芒神。句芒，本是古代主管植物草木的官，又以木為神；因為木在初生的時候，句屈而有芒角，所以叫作句芒。相傳古代每年的芒神和春牛的形式、服色、圖樣，均由管理天文的欽天監去推算、塑造出來的，在立春的日

子做為迎春大典時應用。

欽天監每年制定芒神和春牛的方法分述如下：

造春牛芒神：以冬至過後逢第一個辰日，於歲德之方，取土、水、木成造，以桑拓木為胎骨。春牛身高四尺，身長八尺，象四時（春、夏、秋、冬）與八節（四立與二分二至），尾一尺二寸象年之十二月或云象日之十二時辰。

牛頭色青（視年干五行而定，甲乙木年色青，丙丁火年色紅，戊己土年色黃，庚辛金年色日，壬癸水年色黑）。

牛身色黃（視年支五行而定，亥子水年色黑，寅卯木年色青，巳午火年色紅，申酉金年色白，辰戌丑未土年色黃）。

牛腹色紅（視年之納音五行而定，八十三年歲次甲戌納音屬火故為紅色）。

牛角、耳、尾色白（視立春日干五行而定，八十三年立春日干逢辛日屬金，故色白）。

牛脛色白（視立春日支五行而定，八十三年立春日支逢酉日屬金，故色

白)。

牛蹄色青（視立春日納音五行而定，八十三年立春為辛酉日，納音五行屬木，故色青）。

牛尾左繳（視年之陰陽而定，逢陰年則右繳，陽年則左繳，八十三年歲次甲戌屬陽，故要左繳）。

牛口開（視年之陰陽而論，陽年口開，陰年口合）。

牛籠頭拘繩用桑拓木，苧繩結紅色（所謂牛籠頭拘繩，係視立春日之支與干而定：寅、申、巳、亥日用麻繩，子、午、卯、酉日用苧繩，辰、戌、丑、未日用絲繩，拘子俱用桑拓木，逢甲乙日用白色、丙丁日用黑色、戊己日用青色、庚辛日用紅色、壬癸日用黃色，均為取剋日干五行為用，八十三年歲次甲戌，故用紅色苧繩）。

牛踏板縣門左扇（視年之天干陰陽而定，陽年用縣門左扇，陰年用縣門右扇）。

芒神身高三尺六寸五分：象三百六十五日。

203

芒神有老少童子之分：視年支而定，寅、申、巳、亥年，面如老人像；子、午、卯、酉年，面如少壯像；辰、戌、丑、未年，面如童子像。八十三年歲次甲戌，故芒神面如童子像。

芒神衣帶顏色：視立春日支而定，剋日支之五行為衣色，日支生之五行色為帶色。亥子日黃衣青腰帶，寅卯日白衣紅腰帶，巳午日黑衣黃腰帶，申酉日紅衣黑腰帶，辰戌丑未日青衣白腰帶。

芒神髻：髻者，縮髮而結之於頂。芒神髻的位置視立春納音五行而定，金日平梳兩髻在耳前；木日平梳兩髻在耳後；水日平梳兩髻，右髻在耳後，左髻在耳前；火日平梳兩髻，右髻在耳前，左髻在耳後；土日平梳兩髻在頂上。

芒神罨耳：罨通掩，遮蔽、掩蓋之意，罨耳即耳罩之意。芒神罨耳之位置視

立春日、時支而定，子丑時全戴揭起左邊，亥時全戴揭起右邊，卯巳未酉時用右手提，辰午申戌時用左手提，八十三年立春為辛酉日巳時，故為罩耳用右手提。

芒神行纏鞋褲：行纏者，纏腿布也，芒神行纏鞋褲的位置係視立春日納音五行而定，金日行纏鞋褲俱全，左行纏懸於腰；木日行纏鞋褲俱全，右行纏於腰；水日行纏鞋褲俱全，火日行纏鞋褲俱無；土日著褲無行纏鞋子。八十三年立春辛酉日納音五行為木，故行纏鞋褲俱全，右行纏懸於腰。

芒神鞭杖用柳枝：長二尺四寸，象二十四節氣，其鞭結的材質，視立春日支而定，寅申巳亥日用麻結，子午卯酉日用苧結，辰戌丑未日用絲結。鞭結俱以五色醮染。

芒神與牛相關的位置：係視年之陰陽及立春距正旦前後遠近而定，陽年立於牛左側，陰年立於牛右側。立春距正旦前後五日內，芒神與牛並立；距前五日外，

芒神早忙立於牛前邊；距正旦後五日外，芒神晚閒立於牛後邊，（正旦即是農曆正月初一）；八十三年立春日為農曆十二月二十四日，較正月初一早了六天，歲次甲戌為陽年，故芒神早忙立於牛前左邊。

二十、流年方位之宜忌

在農民曆的首頁上有一幅流年方位宜忌圖，除了標明當年大利及不利的方位，並分別於四維之處註記了博士、蠶室、奏書、力士四神位，茲分述如下：

(一) 博士

為火神，乃歲之善神，才學廣博掌案牘，主擬議，為掌理政治綱紀，選賢任能之職。博士所屬的方向，利於擇賢、任能、治國施政之事，其所屬方位如下：

寅卯辰年在坤（西南方）。

巳午未年在乾（西北方）。

申酉戌年在艮（東北方）。

亥子丑年在巽（東南方）。

（二）**蠶室**

蠶室，為歲之凶神，所居之位，不可修動，否則收成不好，故不可向之。蠶室，古之獄名，宮刑者所居之室，故為幽暗之地、羅網之位，其所居方法分述如下：

寅卯辰年在乾（西北方）。

巳午未年在艮（東北方）。

申酉戌年在巽（東南方）。

亥子丑年在坤（西南方）。

（三）**奏書**

奏書，乃歲之貴神，掌管進言、上書、呈進財物等事，是察私及褒揚之神。

奏書所居之方位，宜祭祀求福，自是財源廣進。其所居方位分述如下：

(四) 力士

力士，為歲之惡神，力大無窮之武將，主刑威，所居之方宜退避，不可相向，以避災避禍。力士所居之方位分述如下：

寅卯辰年在巽（東南方）。

巳午未年在坤（西南方）。

申酉戌年在乾（西北方）。

亥子丑年在艮（東北方）。

寅卯辰年在艮（東北方）。

巳午未年在巽（東南方）。

申酉戌年在坤（西南方）。

亥子丑年在乾（西北方）。

二十一、如何應用農民曆

我們中華民族的治學方法是歸納、綜合的，將精神文明與物質文明的法則融合為一，是所謂的氣化科學。而西方則偏於唯物法則為基礎的科學，重在分析各事各物的理則，可稱為專門之學。就所涵蓋的層面而言，西方遠不及我們，但就應用科學能盡物之性這一層而言，我們也確有不足。不足之處不是我們不懂，而是我們長久以來的不注重。

農民曆就是屬於應用科學的知識，我們的祖先將宇宙的萬事萬象，歸納成陰陽五行、八卦、十天干、十二地支等等，相當於表徵各種事物功能性質的符號，也就是所謂氣化的標誌，而予以錯綜複雜的關係，以解釋、處理人類所面對的實事，正如易經所說「彌論天地之道」。

怎樣使用農民曆？嚴格講起來，這裏面的學問是很大的，簡單而言，要把握下列幾項要點：

(一)先將農民曆中各項註記的意義，有初步的認識。（請參閱本書）

(二)每位讀者要先了解自己出生的年、月、日、時，以推知自己的喜忌，尤以出生日的干支為要，依自己本命的五行之生、剋、制、化來因事擇日，定吉凶方位，以達趨吉避凶之目的。

(三)單依農民曆來參用擇吉論凶，稍嫌不足，最好是每年均購買一本通書便覽。在通書中每日的宜忌與每日時辰之吉凶，都有詳細的說明，日子沒絕對的好壞，端看您要問什麼事。凡事擇吉日良辰不要以迷信視之，這代表著您重視您要做的事，草率從事必弊大於利，智者不為。慎始與持恆，瞻前與顧後是成功的基本要件，孫子兵法云：「多算勝、少算不勝，而況於無算乎？」

(四)除了農民曆之應用，因其與每位讀者確有切身相關的利害，我們得花一點時間去認識它、應用它，同時更希望讀者若有時間能回過頭來多多研究自己的傳統文化，待有所得，同時與西方的科學融會貫通，相互結合，一定能夠參互交用補己之短，進而發揚中國人固有的智慧，提升精神文明，趕

上西方的科技，提升東方物質文明。現在西方對中國的學問已日漸重視與積極的學習研究，切不可等待人家研究我們的文化智能、予以肯定之後，才跟著人家肯定自己，倘使這樣，我們將永遠落後，終將被人同化。

最後我們再說明農民曆最大而普遍的效用，以供讀者諸君體會之…

中國人應用農民曆除了識天時外，最重要的就是造人、成就人；我們的祖先最會造人，所以我們的民族最優秀。

農民曆中每日都有干支的排列，每個時辰也有干支的排列，干支是宇宙環境氣化運行的符號，人生於天地之間直接受著這個環境的影響，當然要去認識它。

中國在夏商朝時代，那時的人大多以干支取名，什麼太甲、盤庚、武丁……那就是代表那個人生命氣化的標誌。經過數千年的進展，中國人對造人的智慧不斷提升，很多在禮教上、民俗上所訂定的規矩，大家不要一律都視之為落伍、迷信。

中國人在造人之初就設定了種種規矩，如同姓不婚、門當戶對等。而同姓相

212

婚，就現代優生學的認證，早已確定是不合宜的。至於門當戶對，男女結婚在中國不僅僅是兩個人的事，更是兩家子、兩家宗族的事，若是成長環境過於懸殊，事物認知與行事的方法距離過大，都是日後的困擾，不像現在小家庭男歡女愛受限較少，但離異的比例卻增多。

結了婚，就要講究受胎與孕育胎兒，中國人對夫妻房事是不諱言，更是不隨便的，大家可以看看司馬光日記之記載：「昨夜與妻敦倫一次，甚合道也。」這就告訴了我們，夫妻種胎不是隨便的，是有規矩的；怎麼看時辰之好壞呢？必須以當日干支來判斷，當日的干支本身的關係、月令氣化之衰旺，與自己出生干支之比較等等，同時還要觀察當日的氣象和不和暢，若雷雨交作、太陰隱沒，當然就不適宜，應另行擇期為要。

種了胎，接著就要安胎。農民曆中告訴了我們胎神每日的位置；民俗告訴我們孕婦在懷孕其間不宜提重物、攀高處，心情要平和、食物要味和、丈夫要順和、家中要詳和等等規矩，無非是告示我們，孕胎的環境與日後胎兒的性情有直接的影響，這就是所謂的胎教。

懷胎十月，慎重的父母更會擇期安排迎接新生命的到來，再有計畫的培育之。這一連串的造人哲學是我中華民族所獨有的，它所依以參考的準則，就是這部農民曆。

古云：「君子之道造端乎夫婦。」為學之大用莫大乎造人養身。農民曆就是此大用之書，我們豈可不加以重視及參考運用？

開運小秘法

前言

人類從茹毛飲血以來，直到演進至今日的太空時代，其間歷經了悠悠數億年歲月，從早期之與天爭、與獸爭的時候，憑藉著知識的累積，人類早已征服了獸類，主宰了地球，並且憑著科學的突飛猛進、一日千里，早於二十多年前即能登陸月球，如今並已在太空裡建立太空站，假以時日，登陸火星、遠離太陽系、航向浩瀚的外太空、探索外太空星球文明的夢想，相信是絕對可以實現的。

在這人類文明的漫長演進過程中，人跟其他生物都是一樣，從初期，面對著變幻不可測的風、雷、雨、電、火災、地震等等自然變化感到震懾不

217

已，僅憑著經驗和直覺，逃避這些災禍的到來，到後來隨著智慧的增長、經驗的累積，人類逐漸發展出許多趨吉避凶的方法，改變了自己的命運，逐漸從茹毛飲血提升至漁獵畜牧，進而圈地農耕。

其間隨著不同時期的不同需要，工具器皿不斷地改進、物質條件不斷地提升，而推進至駕馭萬物的工業社會，尤其是近一百年來科技之發展，更是過去千萬年所不能及的。

然而隨著物質文明的進化，人類精神文明卻不見有何進展，不僅停滯，反而更覺落後，以致產生許多空虛寂寞、不知爲何活著的現代人。

追溯人類的文明，一切的音樂、舞蹈、藝術、文學都源自於對天神的膜拜和感恩，而隨著觀察天象、氣候、季節、環境的種種變化，各種不同的地域都有著各種不同的一套儀式和方法，來與天相通、趨吉避凶。

這些方法早期由各民族的巫師或女巫代代相傳，後來有了文字，遂由口口相傳的情形改而以文字記載，之後隨著宗教的興起，這些方法有些受到壓抑，有些則被融入宗教之中，並且隨著傳播的力量而更加發揚光大。

218

「命」是什麼？

中華民族是一個信天、信神、相信命運的民族，《中庸》云：「欲知人，不可以不知物；欲知物，不可以不知天」，所以中國人的哲學是所謂「天人合一」的哲學。

《易經》亦記載「樂天知命故不憂」，故而「知命」一事，在古人來說，是極為重要的事。

命是生命，是先天賜予的，中國人憑著伏羲、文王所創造的八卦，發展出一套安身立命的學問，使人能憑之做為起居行事的準則，遵循此一準則，便可在後天發展的變數中，做出正確的決定來趨吉避凶。

中國人累積了數千年的智慧，大都了解古人所說的「一命、二運、三風水、四積陰德、五讀書」之理，認為一個人的成就大小與否，就決定在這五種因素上，所以中國人非常的認命，總認為自己目前的一切都是由於命運所安排的，無論是遇到

219

天災抑或人禍，總是消極的一句話：「唉！命中註定的啦！」

難道一切的災難或死亡都是命中註定的嗎？有時候想一想，許多的事情，彷彿

真的是命中註定的。

例如說有的人生下來便含著金湯匙，從出生直到留學，以至於娶妻、立業，都

由父母替他安排，不僅繼承了鉅大的財富，並且在邁向事業成功的路途上，一切的

障礙都早被排除，故而所行之路是一片坦途；而有些人出身貧困的家庭，自幼及

長，一直難以溫飽，步入社會又荊棘處處、跌跌撞撞的一路行來，已是落得滿身傷

痕，駐足回顧，只見「冠蓋滿京華，斯人獨憔悴」，不禁涕泗橫流，感嘆命運之可

悲、人生之悽慘。

而有些人則在事業即將邁入巔峰之際，猝而橫禍連連，旦夕之間，家破人亡；

還有人歡歡喜喜的陪著愛人出國旅遊，卻遇到飛機失事，摔進海裡，成了同命鴛

鴦；甚至一家四口快快樂樂到中橫公路旅行，都會跌進山溝，造成車毀人亡的悲慘

局面。

除此以外，有人乘坐的飛機失事，從一萬多呎的高空摔落下來，機上兩百多人

摔死，而他卻奇蹟地活了下來；卻也有人在樓梯間一腳踩空，僅跌下數階樓梯，便腦袋撞在門上，就此一命嗚呼⋯⋯

面對這些不同的情形發生，面對人生中許多變幻莫測的變數，難怪古人會說：「天有不測風雲，人有旦夕禍福」了。就因為人生際遇的變化極大，所以無論是東、西方都發展出許多不同的方法來「校正」這些變化，使之納入常態，也就是說，「快快樂樂出門必能平平安安回家」，憑藉著這些方法，加上意志力、毅力、耐力和努力，就能鏟平人生旅途上的一切荆棘和障礙，步向坦途。

如果說「命」是無法改的，但「運」卻可以憑藉個人的努力來改變，那麼說這種話的人，便算得上是一位智者了：因為，通常一般人僅是認為命運早已註定好的，是無法憑藉人力來改變的，所以這些人有如水上浮萍，渾渾噩噩的活著，任由命運擺佈，然而事實上，不僅後天的際遇變化可以改，先天的命亦可以改。

改運之道在於①教育②住宅③食物④婚姻對象⑤社會環境⑥意願。

而改命之道則是①心力——包括意志力、毅力、忍耐力、自信等②飲食——包括飲食習慣、食物種類。

221

人生的快樂幸福或痛苦悲傷都是唯心而造，佛家說物隨心轉、境隨心轉，就是這個道理，但是佛家的讓人克制物慾，往往不被一般人所接受，由於精神和物質是相互影響的，故，如何求得這兩者的平衡是一件極為困難的事。

宋朝的法演禪師曾說：「福不可以受盡，受盡則緣必孤」，便是勸人切勿沉溺物慾，而要有所節制，才能續享福報，而改命之道，便在其中。

多年以來，歷經人生之顛沛，數次面臨生死關頭，卻能安然度過，常思冥冥中是否真有命運安排？人之一生難道無法改變命運嗎？故而涉足玉術、宗教之中，鑽研此道，看了許多雜書，略有所得，所以彙集成冊，以供讀者參考。

俗話說：「窮則變，變則通」，當你感到無路可走，即將陷入絕境時，請勿對人生失望，繼而坐以待斃，更不能空坐嘆息命運之可悲、可怕，而束手無策。

在這個時候，請翻一翻這本書，那麼你一定可以找到符合你需求的改運方法，進行變易。只要你有信心、有決心，定然能夠做到「變則通」的地步。

記住，人的成就是由信心和決心所決定的，個性塑造命運、意志改變未來，乃是絕對的真理。

222

考試必勝

考試必勝

在人生的歷程中，求學是極為重要的一環，而升學考試，尤其是聯考，更是這一環中最重要的一道關卡。如果能夠榜上有名，則自此步入大學坦途，此後無論是就業抑或繼續進入研究所深造，都會有一個好的開始。可是萬一名落孫山，則不僅無顏面對江東父老，甚而會因此改變命運，步入另一條艱辛的路途，是以面臨聯考大關的學子們，莫不兢兢業業、日以繼夜的苦讀，希望鯉躍龍門，榮登金榜。

然而有許多的考生，智商並不低，平時也很用功，卻仍舊難以通過聯考的測試，甚而還有人連考數次都未能成功上榜，歸納其原因可能有以下四點：

一、接受能力差——對師長所教的課程，難以吸收，於是一直因循苟且下去，故而對課本的內容一直不求理解，僅是含糊籠統的明白大意而已。

二、記憶力差——課本的題目及答案皆已演練再三、熟讀背誦，卻不到幾天工夫便又忘記。

三、表達能力差——課本內容雖已熟記，卻在答題時出差錯，無法清楚的將所知表達出來。

四、臨場緊張——面臨聯考，情緒無法平靜，越想好好答題，卻越是出錯，再加上氣候炎熱，更覺頭昏眼花，無法鎮定。

由於以上這些原因，常使得許多考生在聯考時，無法把自己的實力完全發揮出來，甚至表現的連平時的百分之五十都還不到，當然只有飲恨考場，名落孫山了。

針對這些原因，故此彙集許多的秘法，包括中外咒術、巫法、飲食改運、陽宅轉運等，藉此調整考生的磁場以及運勢，使之在思考、記憶、反應等各方面都能達到最大和諧的地步，一舉克服以上所說的四個缺點，扭轉乾坤，表現出百分之百的實力，達到「必勝」的目標。

一、飲食改運

A、每日必吃芝麻、大豆、海帶

芝麻含極豐富之脂肪酸及維他命，可促進頭腦的血液循環作用，使得直覺及感應能力加強，變得更加清明敏銳。

大豆內含豐富的磷脂質，而磷脂質則是腦部正常運作不可缺少的神經傳達物質，可以促進腦部機能活化，加強記憶力和集中力。

海帶不僅含有良好的纖維質，可促使排便順暢，且還含有安定精神之高效果鈣質，可培養人冷靜的思考和判斷力。

B、常吃乾的草菇、蘑菇、地耳

226

一般人多食用新鮮的草菇和蘑菇，滋味極為鮮美，然而曬乾後之草菇和蘑菇，所含之維他命D更多，且更易被胃部吸收。

常吃乾的草菇和蘑菇，不但能強化骨骼，更能補血、補腦，加強記憶力。

地耳富礦物質、維他命、蛋白質等，不僅能補腦益精氣、增強注意力及耐力，而且有明目的功效。

C、砂鍋魚頭加川芎、玉竹根

體質虛弱之考生，如有用腦過度、腦神經衰弱、頭暈目眩或頭痛等現象，可用大頭鰱魚之頭部煲湯，內加川芎二錢、玉竹根三錢，以砂鍋燉半小時後食用，數次即能奏效，常吃可改變體質，增強記憶力。

二、咒法轉運

咒法的力量，係來自靈界的能力，施行之際定然要對之有絕對的信心，不能有

絲毫懷疑，否則必然無效，因為信心是成功的基本條件。

施咒之際，必得誠心行之，首先要清潔室內，其次要清潔身體，在刷牙洗澡後，要換穿潔淨的衣服，以示對靈能之尊敬。

施咒的時間從凌晨一時至五時前皆宜，施術時切記不能讓人看見，所使用之工具必須是新購置的，而畫符施咒之紙亦必須是裁剪整齊的白紙，若符紙弄污，不可隨意丟棄，必須火化方宜。

A、強化記憶，過目不忘之法

農曆五月五日清晨五時，出門朝正東而行，找到第一棵桃樹，以左手折下一小根桃枝（約長五公分），然後立刻返家，將此一桃枝縫在衣襟之內就行了。此法得東方木公之庇佑，可以強化記憶力，增加靈智。

B、消除緊張之法

考前一天清晨一至五時內，準備毛筆、硯、墨、一小撮鹽、清水一小碗、白紙一張。

施術前深吸一口氣，然後分九次吐出，連續做九次，然後用清水磨墨，磨時加入一小撮的鹽，墨汁要磨得越濃越好。

磨好墨後，用毛筆在白紙的正中上端分成兩排寫下四個「除」字，然後再在除字下面續寫「急急如律令」五個字即行；記住，寫時要一口氣完成，不能中途停歇做別的事。寫完後，等到墨漬乾了，摺好放在上衣口袋裡。

應考時，坐定位之後，左手摸著口袋，深呼吸九次，即可將咒法的力量發揮至極大的地步，定能從容考試，不再緊張。

C、考運亨通法

考前一天的上午，把一個紅蘋果放在裝滿水的桶裡（鐵桶或木桶皆可，勿用塑膠桶，桶之大小不拘，然水須裝滿），任由蘋果浮在水面，別再讓人觸摸。

考試當天起床整理儀容後，泡一杯紅茶放在面前，然後取出蘋果，用水果刀細心的將果皮完整的削下（切忌將之削斷），然後把完整的一條果皮放在紅茶中泡著，吃完手裡的蘋果後，喝三口紅茶便可以準備去吃早餐，然後赴考了。

此一法術傳自西方，施法後可獲古羅馬之女神保護，使人神智清明，記憶鮮活，下筆如飛。

D、考試必勝咒法

考前選擇一夜，施術時間及工具皆按 B 項所列，磨好墨後，正心誠意坐好，在白紙上從左到右，從上到下，一氣呵成的連續寫下十六個「日」字，分成四行，每行四個「日」字，寫時冥想成績一日比一日精進，考必高中，等到墨漬乾時，把白紙摺好，放在考試時所穿衣服的左邊口袋，考時摸一下，能增加信心，使考場如意。

考完之後，取出白紙，帶一個全新未用的盤子，走到河邊，將白紙放在盤上焚

230

化，紙灰撒在河水裡，切勿隨意丟棄，更不可放在垃圾桶裡。

此咒法源自漢代方士，符的靈力極強，寫時必須正心誠意，咒法成後具不可思議之靈力，能使人考試必中，切勿心懷疑惑。

戀愛必成

戀愛必成

愛情是人類最珍貴的情感之一，古今中外，無數的文學家、音樂家、藝術家，淬煉著靈魂，凝聚著心智，以詩歌、小說、戲劇、樂曲、繪畫、雕塑等等各種不同的方法來歌頌著愛情的偉大、甜美或苦澀。

西方詩人說：「生命誠可貴，愛情價更高。」東方的詩人則說：「問世間情是何物？直教人生死相許。」

由此可見，儘管時間不同、地域不同，對於愛情的看法，東、西方的詩人卻是完全相同，故而可見愛情的偉大性和其雋永性是超越時空、永垂不朽的，只要地球一日不毀滅，只要人類一日不滅亡，愛情便將永存在這個世界。

愛情既是甜蜜的、也是苦澀的，既是快樂、也是辛酸的，它的可貴處在於它是永恆且堅貞的，而它的可怕處卻是不定而易變的。就因為愛情的變幻莫測、難以捉摸，這才使得無數人翻騰在情海之中，陷溺在愛河裡面，終身無法自拔。

234

「揮慧劍、斬情絲」該是聖人所為，一般的凡夫俗子是無法做到的，儘管曾經

受到愛情的傷害，心中還在淌著血，但是當愛神再度光臨時，仍會毫不猶豫的投身

愛河，不管是否會再度受到傷害，這便是愛情的魅力所致。

就因為愛情具有如此繁複的性質，故而古希臘神話中，認為愛神邱比特是一個

長著雙翅、手拿弓箭的可愛頑童，祂常會亂射「愛神之箭」，被祂的箭所射中的青

年男女，定會不克自持的愛得死去活來。在戀愛的時候，沒有誰有餘暇顧及世俗的

一切，所謂「愛情不分國籍、不分年齡、沒有條件」，一個大學生可以愛上清道

夫；一個美少女可以愛上殺人犯……這都是因為中了愛神的箭所致，而中箭的結果

必然是受到傷害，心頭淌血，這時才會大嘆「愛情是盲目的」，然而卻不得不自

嘲：「與其沒有愛過，不如愛過而失戀」。

愛情的真正面目到底是什麼？恐怕這世界上誰也弄不清楚，儘管名人語錄裡登

載著無數哲學家、文學家、政治家、藝術家等對於愛情的看法，但那些畢竟只是他

們一己對於愛情的看法而已，並沒有完全闡述出愛情的真相，就跟瞎子摸象沒有兩

樣，僅觸及到一絲皮毛而已。

235

有人為愛殺人，有人為愛自殺，也有人為愛拋棄皇位，更有人為愛捨棄靈魂、出賣祖國，由此愛情的偉大和可怕，往往可以超越一切。

俗話說：「愛人而不被愛是痛苦的，被愛而不愛人是幸福的，唯有愛人且被愛才是美滿的。」這世間有許多痴情男女，都在這三種不同的情況裡翻騰流轉，難以脫身，煩惱終日，於是西方有許多的巫師或女巫便針對此點，製造出所謂的愛情水出售，或傳授獲得愛情的魔咒及巫術，不過最主要販賣的對象，便是那種「愛人而不被愛者」，至於在戀愛中的情侶，多半亦會在午夜夢迴之際，想到了愛情的不安定性，而害怕目前所擁有的這份感情變質，也會學習咒語來維繫感情。

愛情的來或去是沒有定律的，也根本無從控制，然而人與人之間的關係，的確是有一種緣份在牽連著，中國人就認為「緣訂三生」、「姻緣天定」，可見東、西方都同意冥冥中有股力量，在吸引著兩個陌生的男女，使他們由陌生而相識，進而相知、相愛，可見愛情除了可用物質的一些條件來維繫之外，神秘的靈力也是不可忽視的，故而特此蒐錄一些東、西方秘術，提供祈求戀愛，卻一直無法找到意中人的人，或愛人而不被愛者，或有了愛人，卻苦於無法結婚的痴情者參考。

236

一、西方咒術

A、偶遇愛慕者，想與對方接近

在公共場所或旅行中，常會不經意地看到一個夢中的白馬王子或白雪公主，頓時覺得心跳加速想要過去搭訕，卻又欠缺膽量，此時只要凝視對方，以右手中指疊在食指上，心中暗念「喲特、貝、哇烏、貝」咒語七次，然後一面朝對方微笑，咒語的魔力自然散發出去，此時，態度從容、自然的走過去與對方說話，絕不會碰釘子。

B、吸引暗戀者注意

單戀一個人是非常痛苦的事，往往出現在對方面前，都會被當作木偶，視而不

237

見。此時，只要雙手互握，凝視對方的身影，心中虔誠的唸著「卡菲、卡希達」，連續七次，就能獲得靈界的靈力相助，使對方不會視你如陌生人，而會開始注意起你的舉止動作。

C、使愛人不變心

想要讓愛人不變心，不僅需要真心對待、關懷備至，並且要投其所好，與之同喜同悲，此外，若有古羅馬之咒術配合，更能收其宏效。這個方法是，與愛人分手時，望著他的身影，心中暗誦「達耳姆、布耳姆」七次，想像與他永遠廝守的快樂即可。

D、讓愛人不致移情別戀

戀愛中的人常會疑神疑鬼、心神不安，如果懷疑戀人會移情別戀，則於每晚睡

前，洗完澡後，將戀人照片放在枕上，或心裡想著他的容貌，一面低聲輕唸著「亞

刻洛、包爾尼」。一面用左手食指在枕上以逆時鐘方向畫圓，最少兩次，最多七

次，即可見效；記住，唸咒時，盤膝正坐，誠心誠意的想著對方，方能發揮咒術法

力。

E、祈望再相逢的咒語

如果曾經遇過心儀的對象，卻因某種原因或雙方因緣未到，以致一直都未能再

遇見對方，則可在子夜時，盤坐在床上，閉目想著與心儀者一起共同出遊或生活的

未來幸福美景，口中輕唸著「愛和幸福就快來到我的心中」三次，連續做一個月，

定能與心儀者再度相逢，此乃因強烈的念力感動冥冥的神靈，自會有靈力助你與心

儀的對象重逢，到時候，一定要把握機會。

239

二、西方巫術

A、祈求白頭偕老之術

十三世紀西方女巫在求助的戀人面前，拿出身邊的一件東西，無論是羽毛、枯萎的花朵或者一粒鈕釦都行，交給祈求愛情的男子，囑他回去後，將這件東西與他愛慕的對象身上的毛髮或指甲混在一起，用一塊乾淨的布，沾著由指尖刺出的鮮血，寫下戀人的名字，包起這兩種混合物，然後把一隻死麻雀割剖開來，將那塊布塞進麻雀腹內，送給戀人，請她放在腋下夾住睡一夜，次日取回焚化，則這對情侶便會白頭偕老，永遠不會移情別戀。

B、祈求戀人不變心之術

十五世紀英國鄉間流行以蠟燭製作情人的蠟像，在製作時，混合對方毛髮或指甲屑，然後在背面刻下對方的名字，在子夜時，一面用小羊的腿骨，輕刺著蠟像心部，一面唸著對方的名字說：「我要你永遠愛我，永遠不眠不休的想著我。」

C、祈求單戀對象也愛你之術

單戀是件非常痛苦的事，西方巫術中有敎人施巫術，以獲得單戀對象愛情之法。

這個方法非常簡單，準備一大團蠟塊、一盞酒精燈、兩根全新的白色蠟燭，還有單戀對象的照片、毛髮或內衣的一小片，以及一件自己穿髒的汗衫或T恤。

到了晚上十二點，即可開始施術，首先燃好兩根蠟燭，點亮酒精燈，然後脫去全身衣服，把一大團的蠟塊在燈火邊烘烤，蠟塊漸軟時，不斷地將之捏軟，一面捏著，一面唸著愛人的名字，然後將蠟塊輕放在額頭，想著這就是愛人的肢體，然後慢慢捏成一個人形，再將愛人的內衣布片或毛髮、指甲屑等，捏進蠟人內部，然後

將愛人的照片黏在蠟像頭部，接著吹熄酒精燈，等候蠟燭熄滅。

當燭光熄滅後，雙手捧著蠟像，想像著這就是你單戀的愛人，不斷地對之傾吐你的感情，不斷地說：「××，你是我的最愛，我愛你，永遠都不會改變，你也應該愛我，永遠的愛我。」

在黑夜之中，你不斷地唸著這些話，大約一個小時之後，你會感覺蠟像似乎受到感應，在你的雙手裡緩緩顫動起來，這時便可小心謹慎的把蠟像用自己穿過的汗衫或T恤將之包好，藏在衣櫃裡或空的鐵盒內，大功便算告成，就可以安心穿衣上床睡覺。

這種巫術快則七日，慢則四十九日便可見效，如七日內未見效，則在第七日的深夜，取出蠟像，再度在黑夜中重唸半小時，記住，施術前一定要點燃燭火，等到燭光熄滅後，再唸著情話，唸完後，仍以汗衫包好藏妥原處。

此巫術於施術時不能被人看見，蠟像亦須藏妥，不能被人拿出，否則無效。

三、東方法術

A、使愛情開花之術

愛人而不被人愛者使用此術，可使暗戀獲得回應，這個方法是準備一面新買的小圓鏡、一小撮鹽、清水一杯、一塊乾淨手巾、新買之硯及墨。

施術時，擇子夜一點至清晨五點，洗完澡、漱完口後，換穿乾淨衣物，坐在桌前，先將鹽泡在清水裡，然後用鹽水來磨墨；記住，越濃越好。然後用手巾沾鹽水來擦拭鏡子，等到鏡面全乾後，用毛筆沾著濃墨，在鏡面上寫下暗戀者的名字，然後一面想著對方的容貌，一面在鏡子中央畫出對方的面貌（僅需頭部肖像，像不像沒關係，只要五官和頭髮都繪完就好）。

在等待鏡面的墨漬乾時，可一直凝視鏡上戀人的肖像，輕呼對方名字，想像著兩人未來在一起時將會如何快樂美滿，等到鏡面墨漬完全乾了，用一塊乾淨手帕包

243

好，放在枕頭下安心睡覺，等到白天出門時，把鏡子取出來貼身放好，如此少則七天，多則四十九天便會收效。

在施行此一法術時，不能被他人看見，也不可告訴任何人，更不能遺失鏡子，當得到愛人回應後，亦須小心藏好鏡子，別讓愛人看見，此法力有效期約三百天，等到感情穩固後可將鏡子打破，投入河中，切勿丟棄垃圾桶內。

B、使美夢成真之術

暗戀對方，而對方卻視你如普通朋友或兄弟、姊妹，根本不知道你的滿腔濃情蜜意，可以在凌晨一時至五時內施行此法。

施法時準備新購之毛筆、硯台、墨、縫衣針，以及裁剪整齊、大小適中的白紙一張、清水一杯、鹽巴一小撮。當時間到時，洗好澡，換好乾淨衣服，然後一人在屋中開始將鹽巴放進清水裡，等鹽溶解後，即用此鹽水磨墨；記住，墨汁越濃越好。

磨好了墨，用毛筆沾著墨汁在白紙中央寫下你暗戀者的名字，寫時心裡要想著對方的容貌，心裡要暗唸對方名字，當寫完後，未等墨漬乾，立刻將縫衣針刺在名字的中間，等到墨漬乾後，立刻趕到暗戀對象的家中，把針和紙刺在朝坎位（北方）的任何一扇門或窗上便行了。

當然，施術時絕不可讓任何人看到，否則失效，因此愛人家中北方是否有門、窗？何時拿紙和針出門？都得事先勘察、計畫好。

這種法術的方便處是不需處理紙和針，麻煩是施術時不能讓外人看見，它的有效期也長達三百天之久。

C、使婚姻早成之術

中國古老傳說，有一位月下老人專為天下有情人牽紅線的，而日本人也相信這個傳說，認為一對男女能否成為夫妻，是一生出來時就已經決定了的，因為月下老人已在他們的右腳小指頭上，用紅線互相綁著，只要這條紅線不斷，則緣份永遠不

斷。

此一婚姻和合的法術，傳自中國，但在十八世紀時，日本便已傳聞有人用了此法術，且據說效果極大，可使戀人急於成婚。

首先，在施術時，要取得戀人所穿的衣服一件，貼身的內衣或汗衫更好。

施術時須誠心正念，潔身漱口，擇一月圓之夜，在清晨一點至五點間動手。首先用一把新購之剪刀，把戀人的衣服剪下一條寬約兩公分、長約十公分的布條，然後再把自己的衣服也一樣的剪下一條同等長寬的布條。

剪好之後，將兩根布條各自搓成繩索狀，然後合起來，在尾端續綁兩個死結，準備好一個小布包，將綁好的「雙環和合套」放在布包裡，睡覺時放在枕頭下，白天取出貼身放好（最好放在左邊上衣口袋，因為此處距離心臟較近），短期內便可見效。

D、使愛人出現之術

如果尚無意中人，卻渴望愛人出現，可向月下老人祈求達成願望。

施術時，準備清水一杯、一小撮鹽、墨及硯、紫色或紅色絲巾一條。

月圓之夜，漱洗完後，將絲巾剪出一條長十公分、寬兩公分的布條，以鹽水磨墨，在絲巾上寫下心中願望（例如：請賜我良緣，或請月老助我早日結識愛人等）。然後祈求月下老人幫忙，等到墨漬乾後，把絲巾布條繫在小腳指頭上（男左女右），除了洗澡時可解開外，其他時間全都要繫著，少則七日，多則四十九日，月老必會完成祈求者的心願，使命中註定的有緣人出現，而終能締結良緣。

記住，施此術時，切勿對外人訴說，亦不可讓人看見，當戀愛成熟時，可取下絲巾以火焚化。

除了以上的東、西秘法之外，尚有由現代心理學所發展出來的自我催眠法，這個方法很簡單，即每日起床後，漱洗完畢，對著鏡子叫著自己的名字，不斷地說：

「××，你是世界上最英俊、最瀟灑的男人。」每天不斷地說，久而久之，自然信心大增，容貌亦會改變。

女生則是面對鏡子，叫著自己的名字：「××，妳是世界上最美麗、最可愛的女人。」連續說上三十次，信心當會大增，而隨著自信的加強，容貌也會越變越漂

247

亮。像這種自我暗示的方法，據說早年在台視主持大型綜藝節目的崔姓女藝人便每日都用，故而時能給人一種艷光四射的感覺。

經過以上的自我催眠後，自信心增加，容光煥發，定然在男女交往上有更多的機會，如果此時仍未找到心儀的對象，則可進行第二步之自我催眠，那便是設定一個公眾人物做對象，譬如某電視台之主持人，長其貌不揚，個子也不高，卻何其幸運的娶到了一個美女為妻。施行此一自我催眠法，即在清晨照鏡子時，對著鏡中的自己，說：「××，你長得如此瀟灑，比起那個主持節目的××來，是帥多了，也酷多了，他能娶美女為妻，××，你也一定可以，你一定可以遇到更美的女孩……」

就這樣，每天自我暗示數十次，憑著強烈的自信和強大的念力，用不著多久，便可以遇到一個令你心儀的女孩，到那時，你會充滿自信的上前，也一定有美滿的結果。

記住，「膽大、心細、臉皮厚」是追求意中人的三要訣，而自我催眠法，便是鍛鍊這三要訣的不二法門。

248

婚姻美滿

婚姻美滿

一對男女在戀愛成熟後，覺得彼此已經難分難捨，於是便開始有了結婚的打算，而婚姻這件事，更是每一個正常人的終身大事，也代表這兩個人已成熟到能負擔起所有的責任，並且向世人昭告，他們即將跨入人生歷程中另一個門檻，做一個真正的「大人」。

然而無論是自由戀愛結婚、奉父母之命結婚，抑或是奉兒女之命結婚的新婚夫婦，往往在新婚初期都是恩恩愛愛，卻過不了多久，便變得有如水火，不僅雙方惡言相向，甚而嚴重的還會拳腳相交，以致鬧到最後，只有離婚了事，各自勞燕分飛。假如在婚姻的過程中，沒有生育子女，倒還輕鬆，反正離婚之後，男婚女嫁，各不相干，如果在這段婚姻中育有子女，那麼孩童無辜，要承受著失去父母之一方的痛苦，又要面臨單親家庭的困厄，這一切的一切，對於孩童來說，未免太殘忍了。

250

為何一對人人稱羨的恩愛夫婦，卻在結婚之後不久，便演變成那種悽慘的結局？

歸根究柢來說，有些僅是性格上的差異，雙方無法容忍，有些則是生活習慣上的無法調適，而最大的原因則是社會結構逐漸改變，色情行業氾濫，以及婚外異性的涉入，婚姻制度無力約束，當事者無法抵擋誘惑所致。

據說，如今台灣每六對結婚的男女會有一對走入離婚之途，可見這個問題已成為當今極為嚴重的社會問題。

破碎的家庭產生心靈破碎的兒童，當今許多失學、輟學的少年，大部分都是出自單親家庭，他們無知地犯下了許多莫名其妙的罪行，如飆車、竊盜、勒索、殺人等，不僅增加了許多社會成本，也形成了新的社會問題。

關於婚姻的維繫和家庭的和睦，有許多婚姻專家、心理學專家都在談，此處不再多加贅述，僅就婚姻改運這方面來提供一些方法。

A、得到幸福之術

想要得到幸福的人，可於清晨一至五時，清洗乾淨後，面對夜空，默唸咒語：

「阿布啦、卡達布啦」，唸完後，冥想幸福充塞心中，每日唸上七至二十一遍，必

能轉禍為福，幸福洋溢。

B、挽回外遇之術

東方的法術中，有許多符籙可以挽回外遇，促進夫妻和合，由於太過玄異，且

畫符須長期練習，並需具備一些修為以及尚有許多禁忌，故此不予披露，僅記下一

則防範丈夫「走私」或已經有婚外情，亟思挽回的秘法。

施行此法時，準備兩張白紙，將丈夫的鞋底塗墨印在白紙上並寫好姓名，擇一

月圓之夜，在夜裡八至九時之間，找一棵柳樹，在樹下挖一個洞，把兩張鞋印埋在

洞裡，埋時唸著咒語：「你是斧來我是柄，你是牡來我是牝，自今而後不傷悲，天

長地久心相印！」咒語最少唸七遍，最多二十一遍，邊唸邊埋，直到完全埋安為

止，便可返家。

此術快則七日，慢則四十九日便可生效，在此期間內不可惡舌，即是不能跟丈夫吵架，不能打罵孩子，諸事容忍，那麼已經迷失方向的丈夫必會迷途知返，不再出軌。

C、婚姻穩固之術

除此之外，印度婆羅門教有一神秘咒語，係新婚男子對妻子唸的：「喂！加孟弟、佈魯佈魯、巴下孟、阿那亞、亞木晶、史巴海」，只要唸三次，成婚後妻子即不會紅杏出牆。

D、壓尿法

A、丈夫如常常早出晚歸，甚或夜不歸營，雖未有外遇，卻因對妻子之嘮叨產生厭煩感，此時可採用神奇而靈效之壓尿法。

253

此法之基本應用係依前面之計算方式，算出雙方之命卦，以一罐四百CC或五百CC的尿，壓在自己之凶方，然後再以一罐壓在對方的凶方。

壓尿法須配合紫微命盤使用，第一罐尿是壓在女方的夫妻宮，用來穩定自己的情緒，不再嘮叨，不再心煩意亂，改變一己之磁波；其次，再用第二罐尿壓在丈夫的夫妻宮，第三罐尿壓在田宅宮，短期即可生效。

B、如果妻子喜歡外出跳舞、打牌、不顧家庭，則做丈夫的可以用自己的尿兩罐，按紫微命盤，壓在妻子的命宮及田宅宮上，會使妻子的個性改變，減少外出，專心顧家。

註：壓尿法是用四百到五百CC的尿液，裝在玻璃瓶或塑膠罐內（目前之汽水或可樂飲料瓶即可用），瓶蓋不用蓋，如果要蓋，則須在瓶蓋上打幾個小洞；放的時候不能放在陽台，一定要放在室內，只要靠牆放置就行，但不能放在櫃子裡。

此法可改變磁場，頗具神效，其基本原則是壓在當事人的凶方，切忌壓在吉方。（壓尿之部位請參考附圖二）

C、如果子女不聽話，亦可使用壓尿法在個人命盤的子女宮，如此可增加子女

之向心力，會變得聽話而乖巧。

最後來談一談選擇時辰剖腹生子的問題。常見許多算命師以巨幅廣告刊載，宣傳可替產婦算出一個最吉時辰，予以剖腹生產，必能生出億萬富翁或蓋世將才，甚或未來總統其實這是不可能的事。

因為從子平命理或紫微斗數上來看，每一個人出生之後，並非立即交運的，有些一歲起上運，甚而還有遲至九歲上運的，而在未上運前，任何意外都可能發生，如果祖上蔭德不夠或風水不好，無法庇佑新生嬰兒，可能這個剖腹生下的嬰兒會在上運之前夭折。

除此之外，所謂「人算不如天算」，有時嬰兒會在預產期之前提早出生，根本來不及剖腹，時辰自然無法預定。

故而由此可知，憑著人為的力量，選擇吉日良時，準備剖腹生出絕世英雄或一代佳麗是絕無可能的事，讀者切勿上當，搞不好把孩子整死了，反倒是件遺憾的事。

綜結起來，婚姻是由三大支柱所撐持、維繫的，它包括了「精神」、「物質」

和「性」三大層面，有如鼎之三根腳，任何一根支柱受損，婚姻必會受到傷害，是以要維繫美滿的婚姻，的確不是件容易的事，不過「物由心造」、「境隨心移」，只要存心愛這個家庭、愛這家中的成員，那麼運用一些小法，一定可以有圓滿的結果。

【附圖二】

紫微命盤宮位 ▼

東南 巳	南 午	西南 未	西南 申
東南 辰			西 酉
東 卯			西北 戌
東北 寅	東北 丑	北 子	西北 亥

東西四命壓尿之方位 ◀

宮位	東四命	西四命
子	西南	北
丑	東北	東南
寅	東北	南
卯	西北 西南	東
辰	西南	東南
巳	東北 西	南
午	東北 西北	南
未	西南	東
申	西南	東南 北
酉	西	東南
戌	西北	南
亥	西北	東

人際關係

人際關係

　　一個人的成功與否，與他的人際關係的運用，有極大的關聯，如果能運用已有的關係，甚而憑此開創新的關係，則機緣一到，極可能一步登天。

　　一個成功的人，最低限度要有流利的口才、適當的表達能力，以及積極的個性和強烈的意志力，再加上性格開朗，人際關係處理得圓融周到，則自然憑著良師益友之助，得以邁向成功之路，這種情形，放眼當今的政壇和商場，莫不為此，中國有句古話：「朝中無人莫做官」，可說是一語道破。

一、西方咒術

　　人際關係之改善，首在個性之改變，個性改變之後，才能廣結善緣，關於這點，西方之咒語有以下幾則：

A、充滿自信之術

一個人不善言辭，除了不斷練習說話之外，如在說話或演講時沒有自信，或恐怕說出來的話會受到人誤解，可記熟此一咒語：「耶勒畢姆、夏哇歐絲」，在開口前默唸三次，便可充滿自信，侃侃而談。

B、意志堅強之術

如果自覺個性退縮，意志力不夠堅強，行動的積極性太差，則可在早晚兩次，去到空曠或寂靜之處，深呼吸九次，清除一切雜念，大聲唸九次以下咒語：「耶勒畢姆、義包爾」，冥想從天上湧進一股力量，充塞全身，使你有勇氣面對一切挑戰，此法七日即生效，二十一日便可一改怯懦多疑之個性，變成積極奮進、意志力堅強之人。

C、人際圓滿之術

清晨一至五時，潔身完畢，取出預先準備之七根公雞尾羽或鳥類羽毛，以穿好紅線之針把這七根羽毛串連一起，然後打一個死結。

用一枝全新的毛筆，沾著金色油漆，在第四根羽毛上端，先畫一個簡單的人形，然後在下端寫下自己姓名的英文字縮寫和出生年月日（須西曆），在等油漆乾時，可冥想自己受到周遭所有的朋友和師長的愛護，今後自己的人際關係必然非常圓融、美好。

等到羽毛上的金漆完全乾後，可小心塞進預先準備的一個真皮小包包內，隨身攜帶，不離左右，每次遇到要與人談話或交際前，可取出皮袋，以手輕輕摩擦皮面，祈求雙方關係圓滿。

D、導引幸福之術

如感覺諸事不順，人際關係不好，可於清晨一至五時中，潔身完畢，獨自一人坐在屋裡，熄燈僅點一根蠟燭，凝目注視燭光，心想幸福即將來到，一切不順利的事都將離去，然後輕聲唸著以下咒語：「路卡斯、畢拉杜斯、尤特阿斯、杜力達斯、克力沙達尼特斯」，連續七遍至二十一遍，晚上八時至十二時，亦在清洗乾淨後，重做一次；此法少則三日，多則七日，便可祛除一切楣氣，導引幸福來臨。

E、增強毅力之術

增強毅力及耐力之法，東方有一神秘術可用，首先要到住家附近摘一根長約十五公分的桃枝，去除葉子後，趁有陽光的日子，放在外面曝曬七日，曬乾之後，開始施法。

施法前需準備一個高約十五公分的大口瓶子（瓶子須不透明），另外再準備一張長約五公分、寬三公分的白紙，以及新毛筆一枝、墨、清水和一小撮鹽。

施法時擇一吉日，漱口潔身後，於清晨一至五時，以鹽磨墨，沾墨正心誠意的

261

在紙上寫出自己要做之事的目的，和自己的姓名、年齡，以及施術的日期，等墨漬乾後，以桃枝較細一端刺穿白紙，然後將之塞進約裝了半瓶清水的瓶子裡，再蓋好瓶蓋；記住，蓋瓶時須注意桃枝粗的一端是否剛好頂住瓶蓋，否則可用強力膠將桃枝粗的一端與瓶蓋內部黏合住。

等到一切都完成後，可將瓶子藏放在房中最隱密的地方，每晚十二時一過，便取出瓶子，對著瓶子說：「我要達到目的。」連說七遍之後，再將瓶子放回原處藏好，依此連做半個月，必能達到目的，而在達成目的過程中，也無形中增強了堅忍不拔的毅力，和持久不變的耐力。

護身辟邪

護身辟邪

古人認為這個世間有許多的煞氣，沖犯到煞，輕則病痛，重則喪生，是以無論是先民的巫術或道家的法術，都是首重除煞、避煞。

西方人雖不明白什麼叫「煞」，但是亦明白宇宙間有許多邪惡的力量，會傷害到人類的健康，甚而影響到生存，是以無論何種宗教皆有辟邪之術。

這辟邪避煞的方法之所以產生，原是人類趨吉避凶的本能，無論科學進步到何等地步，這種本能都不會喪失，並且還會隨著科學的進步，而被探查得更為透徹。

以今日的眼光看來，無論是鬼靈、邪祟、煞氣，都是宇宙間活動的負極能量或者有害的輻射線，它對人類的思想、精神、身體都會產生一定的負作用，是故自古以來，東、西方都有許多方法來防範這種負極能量的傷害，如藉助於礦物、植物、咒術、神力等等，可謂洋洋大觀，其中又以礦物使用的範圍最廣，而礦物中最被重視的則為水晶。

264

一、西方咒術

西方許多古文明都認爲諸神住在靈山的珠玉宮內，宮中佈滿水晶，故水晶是聯結天界與人間的神聖物。

東方人則認爲水晶是「水精」凝聚而成，認爲太初原爲無極，後分陰陽是爲太極，之後太初能量崩裂成金、木、水、火、土五行，而五行便是構成此一世界的基本元素。其中的水精便凝聚成水晶，認爲水晶能潔淨靈魂、消除污穢。

除此之外，非洲的巫師也都透過水晶來爲人治病，認爲從水晶中可獲得天界精靈的靈力。

西方的女巫自數百年以來，都憑藉水晶來替人算命、預卜休咎。而修行者亦相信水晶凝聚有神秘的能量，只要應用得當，那股能量便能使人擁有不可思議的力量，不僅可透視靈界、洞悉未來，且能使人飛天遁地。

由於靈能者都相信，水晶具備這些特殊的靈異能量，故能拯救主人於危險和疾

265

厄中，所以水晶是護身辟邪的第一寶物。

而中國古代比較喜愛黃玉，認爲身上攜帶黃玉，在遇到傷害或邪祟時，玉會替攜帶者擋去災禍，使人不致死亡。

除此之外，紅寶石被認爲擁有者能受其保障生命和財寶的安全；土耳其石能防止暴力、意外死亡，給人帶來愛與勇氣；而藍寶石能使人事事順利，好運到來；至於祖母綠除了表示愛情的寶石之外，尚具防止惡靈入侵之力。

以礦物改運的咒法，除了佩帶該項寶石之外，尚有下面的幾種方法，可以在厄年改運。

A、消災解厄秘法

用厚紙板做一個正三角形、類似金字塔的小容器，擇一吉日，清洗潔身後，拿著一顆小水晶球放入容器內，然後用蠟油把金字塔的每一邊都密封起來，封時想像已將一切邪惡厲煞都封閉在塔裡。

然後在厄年來臨時的每一個月的頭一天清晨的第一個小時內，面對金字塔，唸

七遍咒文：「他隆、巴隆」，即可消災解厄。

此一咒文必須在每月的第一天唸七次，才能庇護此一月內的平安無災，故不可

忘記，如要施行此法，可在日曆上預作記號標示，到時便可記得。

B、旅行平安秘法

有許多人出外旅行，常常遭到意外，尤其是出國去玩的，往往劫運一到，無法

逃避，以致命喪異域，實在令人嘆息，但是若在事先便施行此法，定能平安返家。

施行此法是先準備一塊菩提樹的木片，然後用美工刀慢慢將之雕刻成一個人

形，然後擇一吉日，用新毛筆沾墨，寫下自己的名字和生辰年月日，再拔兩根頭髮

將人形木片縛住，如要出國旅行時，將此木片用新買的白色手巾包好，交給家人安

善收藏（擺放在安全隱密處，切勿損傷），直到旅行結束安全返家後，再從保管者

手中取回人形木片，解下頭髮火化或埋入土中便可以了，而那塊人形木片則仍用布

267

巾包好收藏，等下次旅行時再用，屆時僅需綁上兩根頭髮便行。

施行此法時，須小心保管人形小木片，因它便是施術者本人的替身，而施法時亦須漱口潔身，誠心誠意，才會靈驗。

C、破邪改運法

在西方，從十一世紀以後，黑貓便被視為是女巫的爪牙，具有邪惡的魔力，如果遇上了則會有不幸之事發生，故西方之風俗，一見黑貓，立刻便要作出反應。

第一個動作是朝地上連吐三口口水，然後五指合攏、彎起右臂，繼之左手亦五指合攏，架在右手臂上，搭成一個十字架，便可破除黑貓帶來的災厄。

D、護身解厄秘法

與西方結十字印咒一樣，東方密教有一種結手印護身解厄之法，它的作法是右

手按劍訣（即食、中兩指伸直，無名指和小指彎曲，用大拇指輕輕壓住），面朝北方，深吸口氣，再徐徐吐出濁氣，然後轉向朝著東方，吸進一大口氣，凝聚精神，用右手的手印在虛空中按「橫」、「直」的方式畫出九條線，在開始畫線時先用手印點下，隨著唸出「臨、兵、鬥、者、皆、陣、列、在、前」，每唸一字，即畫一條線，好像持劍在手，劃破空氣一樣，結印完後，再唸三次咒語：「唵、奇利、卡拉、哈拉、哈拉、呼他蘭、巴索、蘇哇卡」，便可放開右手，此時靈力自能護身，妖邪難侵。

——多年前由元彪和葉蘊儀主演之一部《孔雀王》影片，便可看到此一護身手印，施行此手印時，須漱口潔身，穿著乾淨的衣服，由於此一手印威力極強，故經常施行，可避一切災厄。

E、送葬潔身法

A、送葬歸來，進屋之前，可準備一鐵盆，在內焚燒金紙，再從盆火上跨過，

269

可以辟邪去煞。

B、送葬回家後，以七片桂圓樹葉、七片榕樹葉泡水洗澡，便可清除帶來之煞氣，化解邪祟。

C、密宗黑教教人用七片圓形的橘子皮泡水洗頭及洗澡，連洗七天，便可洗去喪氣。

養生健康

養生健康

人的生理和心理是相互影響的，有健康的身體才有健全的心理，而現代人由於工作的壓力、環境的污染，再加上縱情於酒色、缺乏運動，所以各種病症都蔓延叢生。

這些文明病，其實必須用古代的養生方法從根本治療，然後配合食物的變換食用，改變體質，才能標本兼治，維持健康。

一、道家養生之法

道家術士自古以來講求長生不老之術，除了丹鼎派以煉丹為主，其他的各派也都有一套養生的方法，係以靜坐練氣、配合技擊拳術，行內、外兼修之學，尤其到了明代，是為道家的巔峰之期，如張三豐、周顛等，都是內、外兼修的大師，據說

已練成刀槍不入、水火難傷的地步。

道家的修行者，堅信憑著服藥和練氣，再加上積累外功，便能羽化登仙、長生不死。莊子在大宗師裡便說，仙人是「登高不慄，入水不濡、入火不熱」「條然而往，條然而來」、「……不食五穀、凌風吹露、乘雲氣、御飛龍，而遊於四海之外」，所以道家的仙人極多，傳說中神農氏時代的一位雨師叫赤松子，服食了一種叫「冰玉散」的不死之丹，便能入水不沉、凌波而行，最後在金華山浴火成仙。而黃帝時，有位陶正名喚寧封子，也是火化成仙，至於民間傳說的八仙，其成道之經過和修行之仙跡，直到今天仍被人津津樂道。

所以道家的神仙極多，而且大部分都是由人修行而成的，這種修行的方法，只可惜流傳下來的不多，僅有幾種氣功標榜可以內煉金丹、結丹成道，但究竟事實為何，就不清楚了。不過，道家傳下的「養生十六宜」之法，確實可以說頗具效果，有人偶爾做做，多年下來，也頗具神效，不僅近六十之高齡，看來僅四十歲左右，且精力旺盛，從不感冒，可見確有奇效。

當年四川的楊森將軍，曾見過一位名喚李青雲的老者，看似六、七十歲，其實

273

已經高齡一百二十五歲，故而楊森拜請長壽之道，李青雲遂傳以「養生十六宜」，楊森在九十多歲時，若非因開刀洩了元氣，恐怕壽元尚不僅此數，這是他命中的劫難，不去談它，僅就此養生十六宜例舉如下——

1. 髮宜常梳——清晨起床，用十指從額前交替梳到腦後，手指略為用力，摩擦頭皮，各三十六下，此法常用不僅可避免掉髮，且能使白髮轉黑（配合每日服用黑芝麻糊一碗）。

2. 目宜常轉——雙眼自右向左，以逆時鐘方向轉三十六次，再自左向右以順時鐘方向轉三十六次，轉完後，緊閉雙眼，再用力張大，連做七次。此法常用不僅不會生白內障，且可延緩老花、永不近視。

3. 面宜常搓——雙手攤開掌心互搓，等到搓熱之後，在臉部各處搓動，搓時復以指搓動「太陽穴」及眼瞼上下和鼻子兩邊，此法可減緩面部肌肉之老化。

4. 齒宜常叩——閉上眼睛、輕闔嘴唇，叩動牙齒三十六次，要清楚地聽到「喀喀」的聲音。如常施此法，不僅可醒腦凝神，且可使牙齒堅固，至老不掉。

5. 耳宜常彈——搓臉完後，以雙手掌心搗住雙耳，先用兩根大拇指在頸後後髮根

274

處上下按摩各九次，然後用中指勾住食指用力彈下，各彈三十六次，可有醒腦之作用，且能刺激中樞神經，長期下來，不致得老年痴呆症。

6.舌宜抵顎——舌頭不用時，常常捲起，抵住上顎，呼吸放緩，默數三十六之數，放下舌頭，連續九次便行了。

7.津宜常嚥——舌頭抵住上顎時，會從舌根處產生大量的唾液，此種唾液，道家稱之爲「金漿玉液」，一定要將之吞下。

8.氣宜常呵——深吸一口氣，將之壓迫丹田，停住約四秒鐘，然後仰首張嘴，分九口吐出濁氣，此時腹部自然鼓動，有利內腑。

9.腹宜常搓——雙手搓熱之後，袒腹而立，按在腹部，一手在臍之上，一手在肚臍之下，反覆搓動腹部三十六下，此法幫助內臟運動，不僅健胃整腸，且可防止便秘。

10.背宜常摩——搓完腹部之後，雙手再互搓至發熱之後，再以雙掌按住後背腎門，上下反覆搓動三十六次，可生固腎之效。

11.肢宜常動——四肢關節要常活動，行路、甩手或外丹功都可用，所謂「要活

275

就要動」，關節常動，便不易得關節炎。

12.肛宜常提——深吸口氣，同時收縮肛門，然後心中暗數到「九」，再將濁氣吐出，放鬆肛門，連續做三十六下，此法常做，不僅不會生痔瘡，且能使男性強化性能力，女性練成「鎖陰」之法，產後婦女宜常練。

13.胸宜常護——胸部要保持溫暖，切勿讓衣襟敞開，寒風入侵，傷及任脈。

14.足宜常暖——雙掌搓熱之後，先合掌搓動左腳之腳背及腳板各三十六次，再搓熱手掌，換右腳搓動三十六次，之後以雙手的大拇指搓壓腳板心的「湧泉穴」各三十六次便完功。（湧泉穴在腳板底中間前端約三分之一的部位，其長度約與本人之拇指等長。）

15.腿宜常搓——搓熱雙掌後，反覆上下地搓動雙腿，尤其是膝蓋關節更要多搓動，此法各以三十六下為之，可助雙腿血脈流通，至老仍能健步如飛。

16.泄宜閉口——排泄大、小便及性交洩精時，務須牙關咬緊，緊閉嘴巴，微揚頭部，雙眼上視，此法常練，可收固精之效，能治早洩。

以上這十六則養生之道，完全是中國固有的文化，乃是傳自道家，並不是從西

藏密宗傳來的，而瑜珈則的確是從印度傳來，切勿將之混淆不清，佛道不分，惹人訕笑。

二、飲食之道

古人曾說：「飢來吃飯倦來眠，如此修行玄又玄，說與世人渾不解，卻從身外覓神仙。」這句話的意思便是勸人隨性、順性，一切飲食、睡眠、作息隨著自己的生理時鐘的運行而定，肚子餓了就吃，累了就睡，不必刻意限制要幾點鐘吃飯、幾點鐘睡覺。

古人的飲食極為簡單粗糙，現代人講究色、香、味，往往把食物中重要的精華拋棄，極為可惜。

目前提倡吃健康食品，吃糙米飯、喝果菜汁，的確是飲食的養生之道，讀者們可買一本這類書籍來參考一下，自即日起開始改變飲食習慣，自能袪除許多文明病，使身體更健康。

總之，營養要均衡，水果、蔬菜、魚類、貝類、瓜子、芝麻、海帶等盡量攝取，再配合適當的運動及常做養生十六宜，定能延年益壽。

而女性則除此之外，宜常食蓮子、薏苡仁、黃精、紅棗、玉竹、人參、天文冬、麥文冬等，更有美容養顏之效。

三、陽宅改運

要想身體健康，居家環境極為重要，舉凡聲音、氣流、陽光、磁場等，都會影響一個人的睡眠、情緒等。

睡眠不好、情緒不穩，自然會影響身體的健康；身體有問題，無論思考力、判斷力、體力、耐力都會出問題，自然影響事業和婚姻，關於此點，將在後面詳述。

此處僅列舉數種不宜居住之房屋，若是住了進去，將會影響身體的健康，不可不慎。

1. 反弓路——住屋內前的道路，像一張弓，則路上之氣，經過此一路煞，快速

278

的遠去，會引致屋內人口的意外損傷。其化解的方法是用大石塊（泰山石敢當）、石屏風，或反光鏡等擋在大門前。

反弓路圖

2.穿心路——此路形像一支箭直射屋內，能產生極凶險之一箭穿心煞，受到此煞之侵，會使住者意外傷亡，非常可怕。

其化解之法是在門口立一刻有「福星高照」大字之石碑，或設石獅擋煞，懸先天八卦鏡制煞。

3.鐮刀路——屋前之路若像一把鐮刀，則會帶來鐮刀煞，會發生身體受傷及遇賊打劫之情形。化解之法在懸先天八卦鏡、反光鏡，或在入門處加屏風，改隔間等。

穿心路圖

4.死巷路——房屋位於巷底，大門且面對巷子，則不僅無法引財進屋，而且煞氣凝聚、生氣被困，會使身體產生病痛。

化解之法在改變大門方位，屋中且要以魚缸擋煞。

鎌刀路圖

281

故而要想有健康之身體，在居住的位置上，還要照前面所列的方位，算出自己

化解之道在移開床位及飯桌位置。

2.樑柱如壓在飯桌，則會得胃疾。

1.樑柱如懸空壓住床頭，則會使睡者頭痛，壓在床尾則會使睡者腳部生病。

除此之外，尚需注意屋頂樑柱的位置，切記——

死巷路圖

究竟屬於東四命抑或西四命，選擇吉方安置床位，否則錯把睡床的位置放在凶方，

則會產生以下之結果：

1.脾氣暴躁，容易產生打架衝突的意念。

2.喜歡與人爭吵結怨，招來是非。

3.性情變得乖僻怪異。

4.心中常起淫念，貪圖女色，易遭桃花劫。

這些不良的後果，都會導致身體受損，甚或送命，不可不慎。

283

求財致富

求財致富

中國人對財富的追求，實在應該超越任何一個地域的人，然而由於有了一種根深蒂固的觀念：「命裡有時終須有，命裡無時莫強求」，致使許多人在追求財富的過程中，採取了消極的態度。

而西方的先進國家對於求財致富，則是採取一種積極進取的觀念，這種觀念瀰漫在所有階層之間，在國家來說，才會有十七世紀之後的殖民主義的興起，才會形成資本主義貧富不均之現象。就因為西方人對財富的追求往往採取一種「不擇手段」、「冒險犯難」、「犧牲奮鬥」的精神，故而成功的比例較高。

中國人以往講求「君子愛財，取之有道」，並且對富人是採取一種又羨又妒的態度，認為他們是很庸俗的一些人，而且「富不過三代」，沒什麼了不起，古代的讀書人甚至鄙視財富，認為那會影響人格的清高，就由於這種觀念的影響，不知害死了多少的讀書人。

直到近百年來，由於西方的國富民強、船堅砲利，才打破了中國人思想上的藩籬，不僅改變觀念，也要追求財富、追求成功，直到近幾十年來，這種觀念已形成社會上的共識，無論是台灣抑或是中國大陸，莫不以追求財富為人生的第一目標，因而形成社會上「笑貧不笑娼」的風氣，扭曲了社會價值。

所以在這個時候仍要強調一點：「君子愛財，取之有道」，這個道並不是道德的道，而是方法。

想要發財，想要過更好的生活，是人類基本的願望，以正當的手段、正當的手法去獲得財富，是一件天經地義的事，只要不觸犯法律，不做出違背良心、傷天害理的事，任何人都有追求財富的權利。

求財最基本的一點，便是要具有強烈的欲望，其次便是要擬定一個目標，三則是要看到財富的所在，四則是找出便捷的方法，把這些財富搬回家，要等到財富到了家，才算是變成私人所有，才算是成功。

西方人出版了無數的書籍，闡示出的求財方法，第一個目標便是要人立志——立志在三十歲之前賺到生命中的第一個一百萬。這與中國人要人立志做聖人、做君

287

子有非常不同的看法，就由於中國的「希望」、「希賢」太多了，所以中國數百年來才會如此積弱，所謂「聖賢不死，大盜不死」，這個社會上聖賢太多了，定會引起極大的問題，故而從今天開始，大家別想立志做聖賢，而要立志做富翁，由於這種做富翁的強烈願望，才會引導你邁向成功之路。

有了願望之後，便會產生動力，那麼在未來的歲月裡，勾勒出一個無形的目標——例如，我要在多少歲時，賺到多少錢？有了這個目標，則要選擇方向去努力邁進，勇往直前。

等到「啥米攏嘸驚，向錢行」的時候，則要運用方法，找出一個便捷而快速的手段，把財富搬回家，既要搬得快，還要搬得多。

財富不是「命定」的，財富遍地都是，需要靠人為的開創，才能求而得到，在開創的過程裡，需要運用知識、運用眼力、運用技巧，才能找出財富的所在，才能把它搬回家。

曾經聽過這麼一個故事：在約三十年前，東部曾經掀起一陣挖掘寶石礦的風潮，據說該地區蘊含了極多的藍寶石礦，於是吸引了無數的內行和外行人都去開

288

採。

有一次，一個寶石商人在路經山區時，發現一個原住民用亂石堆成的圍牆中，有上百塊的藍寶石的原石，禁不住嚇了一跳，於是假裝若無其事的上前跟屋主搭訕。那位原住民極為好客，雙方也聊得極為愉快，傍晚，寶石商買了一打米酒，就在原住民家裡，就著屋主準備的野味山菜，喝了起來。

酒過三巡之後，寶石商假裝漫不經心的提起那些堆砌在屋外的石頭，而那個傻不啦嘰的原住民毫不在意的說那些石頭是在山上打野豬時看到好看，就順手帶回來的。

那個寶石商試探地問，能否賣他幾塊帶回去做個紀念？原住民大笑，表示那些僅是石頭而已，隨便要多少，搬去就是了，反正山上多得是。

那個寶石商聽了心中大喜，當晚就放懷痛飲，第二天一早，到街上去雇了輛貨車，把堆在屋前做圍牆的藍色石頭，一股腦兒的搬上了車，臨行時為了表示謝意，給了原住民兩千元。那個原住民看到手裡的一疊百元大鈔，樂得嘴都闔不起來，因為那兩千塊錢，可夠他喝半年的米酒了，而他卻不知道，那些藍寶石原石，以當時

289

工廠的收購價錢是每公斤約三千多塊錢，而寶石工廠經過切割研磨之後，可製成七、八百顆的藍寶石，時價每顆約在三千元之譜。因此那個寶石商在短時間內就賺到了一筆不小的財富。

——這個故事是先父的一個朋友韓樹聲先生說的，當年，他在菸酒公賣局台中廠任高級官員，後來聽說東部出產寶石礦，於是邀人集資赴東部開礦，其中包括有老牌影星李湄在內，後來卻未能如願挖到寶礦，因而賠了數百萬元，最後只有散夥了事。

由這個故事裡，我們可以知道，追求財富必須具備知識，僅有機會還不夠。運氣來了，固然連城牆都擋不住，但是沒有眼力辨識、沒有知識判斷，而充分的掌握機會，光靠運氣還是沒用，當財神擦身而過時，後悔已經來不及了。

故而由此可以知道，天下所有的財富在自然界裡，並不存在於人的八字中，就算命中有財，也需以強烈的企圖心和充分的知識、敏銳的眼力和堅韌的耐力互相配合，才能爭取到手。

綜合來說，爭取財富要有以下的條件：①社會環境②個人意願③教育④婚姻對

290

象⑤住宅。

社會大環境對人追求財富有很大的關係，例如數十年甚至百年之前，演戲的或唱歌的人，在社會上是毫無地位的，戲子或歌女要嫁人，正當的家庭不願接納，可是今天社會環境起了大變遷，影星和歌星的地位大大的提升，如今成為高收入者，成為青少年崇拜的偶像，這就是社會環境的影響了。

關於個人的意願，前面提過，必須要有強烈的願望做原動力，才會驅使人不斷地奮進，如此才能致富，假設缺少了這份動力，只圖好逸惡勞，怎會成功？

第三點說的「教育」，並非指在學校所接受的那點教育而已，而是指確定了目標之後再接受的專業訓練，這種訓練能加強特定方面的知識，培養敏銳的判斷力。例如想在房地產或股票上面致富，則一定要接受這方面的訓練，僅靠普通的知識是不夠的；就如同想要從事寶石業，則必須學會一切鑑定寶石的技術才行。

在教育之後，一個人的婚姻對象，對於他追求財富的過程和結果也有極重要的影響，俗話說「成家立業」，要先成家才能立業，主要的原因在於①家庭可以安定

一、西方咒術

關於致富的方法，西方的咒術中有以下的方法。

A、財運亨運之術

如想財運亨通，請於每日起床後，面對東方唸七遍「歐哪伊母、貝郎填絲、拉

態，才能致富。

趨吉避凶，並且憑藉風水技法來滿足精神和物質上的貧疲運勢，使之臻於圓滿狀康、思緒、判斷，故而極為重要，要明白何種住宅能聚財，何種住宅會破財，才能

最後一點是「住宅」，一個人居家環境的好壞，影響他的意志、精神、身體健

望去，到處都是，所以婚姻對象對於個人的致富有極大的催化和激勵的作用。

婆，不僅能讓人少奮鬥二十年，並且還可助你累積更大的財富。像這種例子，放眼

人的情緒②家庭可以提供非成功不可的壓力，鞭策你努力奮進③娶到一個好的老

烈之發財願望及信心。

索哪特絲」，財神當會以最快的速度趕來，少則七天便會見效，施此術時，須具強

B、名成利就之術

凡從事表演事業，如歌星、演員、舞者，或藝術、運動等方面的鋼琴演奏家、畫家、運動員，可親手製作下列吉普賽之古秘法符咒，定可在短期內成名，而接著便會達到名成利就的地步。

繪製本秘咒時，請事先準備兩枝毛筆、一紅一黑兩瓶墨水，以及一張白色紙卡，記住，這些東西都要全新未曾使用過的，然後擇一月圓之夜，在凌晨一至五時，潔身漱口後，在靜寂的房中，開始按圖繪製，先用黑墨畫出圓形（可先以鉛筆以圓形打底），再畫大、中、小三個星形，圓形繪完後，再換以紅墨寫下五個咒術符號，等到墨漬全乾，裝進一眞皮皮袋內，貼身放著，隨身攜帶，快則一個月，慢則六個月，便可見效。

293

持此咒法，必須具有絕對之信心，則必能成功。

二、東方秘法

A、接財神之法

中國人認為財神有文、武兩種，除此之外，尚有五路財神，從唐代便有接財神之秘法。

此法是在農曆年前的除夕，準備禮品及香燭在敞開之大門前祭祀財神（文財神為比干、武財神為趙公明），等香燭燃到一半時，走出家門，往東或東北方行走約一百步左右，站在一個十字路口上，誠心誠意地向四面抱拳行禮。

想像東、南、西、北、中等五路財神正從雲端而來，然後在心中默唸，邀請五路財神與你一起回家，接著緩步返家，熄滅香燭，收好供品，關好大門，便完成接財神之法。

B、密宗發財法

密宗秘法是在除夕日，購一結滿纍纍金桔樹花盆返家，將目前面額最大的全新鈔票九張，用紅線綁在金桔樹上，擺放在大廳，然後觀想此一花盆由一變二、由二變四，以致塞滿整個屋子，自己來年將會賺得滿坑滿谷的錢，觀想完畢，供奉至初一中午，再將錢拿下，留下紅線在樹幹上便行。

不過，此九張「母錢」必須藏好，不能使用。

記住，冥想時須有強烈的發財慾望與信心。

C、財源滾進秘法

確定想要發財之願望後，除了加強專業知識之進修外，可在月圓時選擇一乾淨房間，用全新的毛筆，誠心誠意的用一張白紙，寫下以下的符咒：「急急如律

295

令」。

這五個字寫完後，等到墨漬乾了，將紙摺好，放進皮夾的內層，每日隨身攜帶，七七四十九天後開始生效，定能使人達到財源滾進的目標。

記住，施術時必須漱口淨身，具備強烈之信心，並且不能被人看見，否則無效。

改命之道

改命之道

佛家認為人是受著因果所操縱，也就是受業力操縱，此生的所作所為，係受過去世的業力影響，當這些業力成熟時，報應便會來到，由於「業」可分為善業、惡業和無記業三種，所以這種「報應」也就有好、壞之不同，故而有些人會投身在富家，一生享盡榮華富貴；有些人則貧困一生，荊棘處處，這都是由於「業」的緣故，換句話說，一個人在未投胎之前，便已決定他是來享受善果抑或承受惡果，故而今生之一切都因業力牽引所致。

根據這種說法，那麼要改變命運，就必須改變業力了，而改變業力的方法，究竟是什麼？恐怕最重要的便是「修心」，也就是加強善念、淨化心靈，增強自己的正極能量，並與宇宙中強大的正極能量相結合，以排除一切負極能量的影響，便可改變業力、扭轉命運。

一般稍懂命相的人都知道，人的命運有能改、也有不能改的地方，所謂能改的

便是運，而不能改的則是命，其實深通命理或已通靈者都知道，一個人僅憑著強烈的企圖心和意志力，勇猛精進、奮發圖強，能夠憑此改變自我，彌補性格上的缺陷，那麼可以改變七成的已定命運，也就是說無論是用四柱推命抑或是紫微斗數來算，在此人尚未發大願力改心革面之前的命運，跟重塑自我之後的變化相距極大，也足以證明人的命運是掌握在自己的手裡，不僅運可改，連命亦可改。

談到改變命運，首先要談的是許多人都看過的《了凡四訓》這本書，它是由明代的一位進士袁坤儀寫的，內容所記便是他改變命運的經過。

袁坤儀，字了凡，他在《了凡四訓》中記述，他在幼年時父親過世，母親希望他學習醫術，將來做一個仁心仁術的大夫，故而勸他放棄讀書、放棄科舉。

可是有一天，他在慈雲寺遇到了一個老人，老人對他說：「你是官場中人，明年就會中秀才，為何不讀書？」

袁了凡覺得很詫異，於是把自己的情況告訴了那位老人，並請問對方的姓氏。

那老人說，他姓孔，是雲南人，早年得到了宋朝邵康節梅花易數的真傳，替人算命非常靈驗，於是袁了凡便將孔老先生請回家，把經過情形裏報了他的母親，袁母請

299

孔老先生替自己推算過去，果真算得極為準確，於是對孔老先生深為敬佩，便改變主意，讓袁了凡再度入塾讀書。

孔老先生為袁了凡的命運做了一番推斷，認為他在縣裡面的童生考試會得到第十四名、府裡考試得第七名、提學考試則得第九名。而自第二年後，袁了凡所參加的三次考試，名次完全與孔老先生的預言相符，使得袁了凡驚詫至極，於是就懇請孔老先生再替他算算終身的命運。

孔老先生經過仔細的推算之後，說他某年某月會當稟生，之後當貢生，而貢生之後若干年便當官，最後會做到四川的縣吏，在位三年多便告老還鄉，除此之外，還預言他一生無子傳宗，並且壽元五十三歲，在當年的八月十四日丑時壽終正寢。

由於他此後的一切遭遇，都與當年孔老先生推算的一樣，就連領多少薪俸、何時升職都不脫孔老先生的預言，於是袁了凡就更加深信人生的一切都是命中註定的，人力根本無法更改，於是人生觀變得非常消極，不再妄想升官發財了。

當他在北京任職的一年多裡，一天到晚的靜坐，也從不看書，更沒有任何妄

念，完全抱著「認命」的態度生活。

到了己巳年，他從北京被調到了南京，任職於國子監，那時，他利用接任前的假期，到棲霞山去遊玩，見到了有名的雲谷禪師，雙方談禪論佛，極為相投，於是袁了凡留在寺裡與雲谷禪師一起打坐，就那麼對坐了三天三夜之久，當禪師禪定醒來後，問他：「一般人之所以不能成為聖人，只因為妄想太多，你到這裡坐了三天，我沒看到你起任何一個妄念，是怎麼回事？」

袁了凡提到自己的過去，說：「我的一切都被算定了，所以認為榮辱生死都有個定數，就算心存妄想也沒有用，正如俗話說的『萬般皆有命，半點不由人』，所以心中也就格外的寧靜安定。」

雲谷禪師笑著說：「我還以為你已經超凡入聖了，原來你也只是個凡夫俗子而已。」

袁了凡不解地問：「你這是什麼意思？」

禪師說：「凡人不能達到無心的境界，便會被命運的定數所束縛。許多人都很好奇，不知命運有沒有定數？老衲認為是有的，它對大多數的凡人來說，是有定數

的。但是對於大善人來說，命運無法束縛他，同樣的道理，命運也奈何不了大惡人。你這二十年來，被孔老先生算定了，命運沒有絲毫的改變，就表示你沒任何特別之處，你不是凡夫俗子是什麼？」

袁了凡愣了一下：「這麼說來，我能逃得了這個定數？」

禪師表示：「詩經記載：『禍福無門，惟人自召』，便是很明顯的表示，一切成敗利鈍、興衰榮枯，都是個人自找的，即使命中早有定數，也是個人業力造成的。佛經中說：『善男子、善女人，追求功名就可得到功名，追求富貴便可得到富貴，想生育子女就可生育子女，想得長壽就可得長壽。』這說明了世上一切的榮華富貴，只要有心追求，最後都會成功的。須知妄語是佛教的大忌，諸佛菩薩是不會用假話來騙人，所以你應該相信。」

袁了凡再度向禪師請教功名富貴如何求得？

禪師表示：「六祖慧能說過：『一切福田因果，都離不開自己的心。』從自己的心田去找，沒有不獲得感應的……」

他認為只要專程去求，道德仁義或功名富貴都可得到，但是如果不認真的遵循

正道去求，不從積善除惡上去求，卻浪費精力的追求名利，縱然沒有違反法律和道德，但是所得到的仍是命中業力本來就該有的，一分一毫都增加不出來，如果為求名利、喪盡天良、壞事做絕，那麼不僅失德，而且所得的一切也會很快便失去，還造了更多的惡業，所以追求名利要往心內求，若一味往外求，必然是徒勞無功。

禪師詢問袁了凡，關於孔老先生所算的一生休咎，袁了凡據實以告，禪師問他：「你自己覺得應該做大官嗎？應該有兒子嗎？應該在五十三歲死掉嗎？」

袁了凡自我檢討，剖析自己的缺點，認為自己福薄，且不能積功累德、增加福報，此外脾氣不好、不能容人，並常常率意行事，故而是無福之相，不能做大官。

此外，他又列舉了自己的許多缺點，認為自己之不能生育孩子、不能長壽，都有種種原因。

禪師表示：世上的人無論享福或受苦，富豪或赤貧，都因前世業力牽引，所應得的報應既不會增加一點，也不會減少一分，所以勸袁了凡革除所有妨礙升官、影響生子、難以長壽的一切不良習性，並要他寬恕別人，那麼便是再生之人了。

禪師以古人說的「天作孽，猶可違；自作孽，不可活」這句話來告誡袁了凡，

表示說：「你命中的無法取功名、無法生子、不能長壽，都是天作之孽，是你前世所做的業報，也是可以違反、改造的。只要你不作惡，反而竭盡心力去做善事，多積陰德，便會受到自己所做之福……」

袁了凡聽了禪師的教誨，恍然大悟，於是向禪師磕頭拜謝，並且在佛前懺悔，發願要行三千件善事來贖罪。禪師取了本功過簿給他，要他把每天做的事登錄上去，如做了善事就在簿上做個記號。

自此以後，袁了凡便身體力行、廣積功德，漸漸的，他的命運有所改變，已經脫離孔老先生當年所推算的命運軌跡，不但做了大官，並且有了後代，更是得享高壽。

由這個故事得知，改命之道首在革心，利用意志力、忍耐力來改變自己，從無私無欲處下工夫，然後再修外功，便是積陰德、做善事，則命運無法束縛，自能改變命運、創新命運。

除了袁了凡的改命法之外，日本十八世紀有位神相水野南北，亦提出他的改命之法，在未闡述他的改命方法之前，先來談一談水野南北這個人。

改命之道

水野南北原名小野熊太郎，是西元一七五七年出生在大阪，他的祖先原是望族，後來家道中落，其父淪落到一家小劇場做編劇，家境已不甚寬裕，而更不幸是熊太郎在五歲左右，雙親便先後去世，而他則被當鐵匠的叔父收養，並為之改名叫鍵屋熊太。

由於鐵匠工作極為辛苦，熊太的叔父既嗜酒、脾氣又暴躁，故熊太時遭虐待，也因此變得頑劣不堪，十歲左右便已成為不良少年，十五歲便成了小流氓，經常騙吃騙喝，到處詐欺，過了幾年，他更變本加厲，胡天胡地，成為遠近知名的大流氓，終於被捕入獄，關了幾年才出獄。但他卻不知悔改，身上隨時藏著匕首，到處橫行霸道，成為當地的惡霸，那時，他才年僅二十歲。

有一天，他在大阪的路上遇到了一個瘦弱矮小的老和尚對他說：「你的臉上出現死相了。」

鍵屋熊太一聽此言，立刻暴跳如雷，一把抓住老和尚的衣襟，拔出匕首做出要殺人的樣子，但是那個和尚毫不畏懼，沉聲說：「你生了一雙火輪眼，黑眼珠上滿佈紅筋，此乃大凶之相，看來你最多只能再活三、四個月，你快去準備後事吧！」

305

鍵屋熊太聽到和尚這番斬釘截鐵的話，不禁一呆，雙手一鬆，放開了那個和尚。

那個和尚充滿著憐憫的神情，望了望鍵屋熊太，然後朝他合掌行了個禮，轉身飄然而去。

從那天開始，鍵屋熊太便時常發呆，想起自己悲慘的童年，想起在監獄中的情景，想到獄中一張張窮凶極惡的臉孔，忍不住拿出鏡子，照一照自己，發現自己的臉跟那些為非作歹者幾乎有某種共通點，看來那個和尚說的有關他死期到了的預言，可能真有其道理。

根據鍵屋熊太的自述，他是一個長相醜陋而奇特的人——短腿、身材矮小、七孔擠成一團、小嘴、塌鼻、印堂狹窄、眼眶深陷而顴骨高聳。

所以那幾天裡，他的心頭忐忑難安，幾乎不思飲食，卻又找不出預防之法，只有提心吊膽，小心提防了。果然，過不了兩、三天，他連續遇到了好幾意外，不但被倒塌的木材差點壓死，而且還掉進河裡差點淹死，除此之外，還遇到仇人追殺，雖然負傷而逃，沒有死在殺手利刃之下，他卻恍惚看到死神在向自己招手。

在這個時候，他突然覺悟自己若不改心革面，那麼死期真的就在眼前了，於是立志向佛，跑到佛寺裡去要求入寺苦修。但是他那種惡形惡狀，把寺裡的出家人都嚇得心驚膽跳，沒人敢收留這個惡霸流氓，一直到他幾乎跑遍大阪的各大佛寺之後，這才被一間小廟收留下來。

那間小廟的住持為了讓鍵屋熊太死心，於是跟他約定，如要入寺，那麼在半年之內只能吃麥飯和黃豆，若是吃不了苦，儘可離寺而去，但是鍵屋熊太一口答應下來，當時，他為了要讓麥飯配黃豆吃起來不那麼「痛苦」，於是拼命勞動自己的身體，舉凡寺內擔水、挑柴、打掃、清潔的勞務都搶著動手，一直累到十分飢餓，才嚥得下那些粗糙又索然無味的麥飯，而且吃完飯後，很快便睡著了。

苦日子就這樣過了半年之久，有一天熊太上街，又遇到上次遇見的那個老和尚，雙方一見面，那和尚看他臉上死相盡去、滿臉紅光，不禁詫異地問他是否做了許多功德？熊太說自己僅在一間廟裡打雜，每天吃黃豆配麥飯，根本沒做什麼功德，而且他大字不識一個，連經都不會唸。

和尚頷首稱是，告訴熊太說，上天賜福之本便在飲食，粗茶淡飯、珍惜食物必

能受到福報而延續壽命，熊太之所以面相大變，便是粗食之功，否則他早已凶死身亡。

鍵屋熊太沒料到自己誤打誤撞的解除了死運，眼見和尚稱讚自己能夠洗心革面、重新做人，於是當場跪下，祈求和尚收之為徒。

那個和尚是東密（真言宗）的苦行僧，名叫水野海常，他見到鍵屋熊太「再世為人」，於是便收留鍵屋熊太，帶回寺中傳以面相、骨相、體相等相法，並替熊太改名為水野南北。

水野南北盡通海常之學後，依照師父的指示，遊歷各處去觀「萬人之相」，因為唯有這樣，才能由實際體驗而非書本上得到觀察眾生相的真正學問。

此後五年裡，水野南北到處替人看相，並且又從奧州金華山的百歲老人，被尊稱為「喜仙人」的修行者，學習服氣、胎息、導引等術，並得傳喜仙人之「養壽法」大全。

當時，他已能從人的頭皮上，憑著形狀、色澤，便可看出一個人的命運和生死，相術之神，使得當時各國的諸侯佩服之至。但是當他回到大阪後，突然想到自

已尚無法憑著人的毛髮為人看相，於是又往梳頭店當學徒，藉著打掃、洗頭等雜役工作，仔細觀察每個客人的毛髮長相，於是經過約三年之紀錄與體會，他已能從人的毛髮看出人的性格、氣質和富貴貧賤。

不過在這個時候，他經常發現，有一些名流貴族或富商巨賈，依照骨相、面相、髮相來看，應屬「貧苦多病」之相，且毫無一絲「福相」可言，但到底是什麼原因會使之成為富貴之人呢？

當他在百思不解之際，突然有一天豁然而通，決定到澡堂去做搓背工人，來觀察人的裸相，因為平常一個人都是穿著衣服的，只有臉部和四肢露在外面，他的疑惑既然找不到答案，那麼只有在裸露的身體上找尋解答了。

由於他跟澡堂老闆表示是要替人免費洗澡搓背，所以也沒人計較他的手藝如何了。自此經過長時期的觀察，他了解了「裸相」，能從人私處的毛髮和肚臍的長像看出此人的個性和命運來。

到了此時，他的相術更上一層樓，似乎已至巔峰造極的地步。有一回，由於他看到了一個人生前的臉相和自殺後的臉相有所不同，於是便又到火葬場工作，研究

起人的「死相」來，前後經過十年的磨練和親身觀察，水野南北終於在三十歲的那年春天，正式掛起招牌，為人看相。

他綜合人的掌相、髮相、面相、骨相、坐相、行相之後，再跟問相者——闡明，並加以判斷，故而神準無比，經過口碑相傳，求教者絡繹不絕，於是聲名大噪，被喻為當代神相，人們盛傳他不僅能鐵口直斷，並且可將人的死運改為旺盛的活運。

水野南北在五十六歲時，突覺自己尚不能達到百分之百的鐵口直斷，於是放下相館的事業，又去雲遊四海，以求領悟出相法之最深精義。後來，他在伊勢神宮的深山中進行斷食靈修，終於悟到了「天相法」，了解到相法之極致便在於「食相法」；此後，他不斷地教導徒弟們說：「人一生的命運在於飲食，要想由禍轉福，改變命運之道便在飲食，因為飲食是養命之本。」

他認為一個人如能惜食，必能轉運改命，否則當有限的天命和天祿在暴飲暴食裡消失殆盡時，人就會折福損壽。

水野南北每天的飲食是吃一合餘的麥飯配一菜一湯，另外喝一合的酒而已，從

310

不多吃。（日本之一合約今日之零點一八公升）

水野南北死於一八三四年，時年七十八歲，距他命中註定的壽元增加了五十八年，可說是改命成功的另一個例子。

水野南北是日本一代神相，本身身體力行，改變了自己的命運，他在所著的一本《相法極意修身錄》中，曾剖析命運與飲食的關係，提到了以下的幾個重點：

1. 困頓潦倒的短命相者亦有人可安享天年，而富貴長命相者也有困頓短命之人，改變命運的首要關鍵便在前者慎重飲食，後者大肆浪費。

2. 生活放蕩者，只要慎食亦可——整天游手好閒者，只要節食便不至於生病或破產，因為食為根本，只要守住了根，其他的事情只能算是枝節末葉而已，故慎食可以解除一切災厄危險。

3. 喜愛美食者，如果福薄則會在中年破產、老年大凶，而福厚者亦會有腸胃上的疾病，到時候即使想吃也吃不下。

4. 粗食者即使生就貧苦之相，也能改運招福——食量少的人將度過幸福美滿的一生，晚年更是福壽雙全、大吉大利。

311

5.飲食不正常者，吉相亦凶——如果飲食時間不正常，則此人縱然有心向上，依舊會一事無成，即使成事也會遭致挫折，並且將會終生漂泊不定，難以安頓。

6.節省飲食用之施捨，才為真正的功德——每天節省自己的糧食一合，用以奉獻神佛或其他生物是最大的功德。若是非由自己所吃的份量中節省下來，而刻意為積功德而去購買來施捨的話，反而招罪。每天省下一合，一年即為三斗六升，以此施捨，便能獲天庇佑。自我積德才能長壽多福。

從水野南北的故事來看，改命之道在於心力和飲食，要有心向善、慎重飲食，並撙節下來以做施捨，便能長壽多福。

一個人的壽元若是已盡，是無法藉由陽宅風水之力來挽回的，以昔日諸葛亮之能都無法做到，何況今日之風水師？所以從來都只有說積德能延壽，沒聽過有人說風水可以延壽的，更別說風水可以改命。

故而改運之法極多，而改命之道唯獨憑著心力和飲食才能致之。

國家圖書館出版品預行編目資料

大師教你輕鬆看懂農民曆／周鎮亞著
－－第一版－－台北市：知青頻道出版；
紅螞蟻圖書發行，2009.04
面　　　公分－－（大師系列；11）
ISBN 978-986-6643-61-3 (精裝)

1.曆書 2.中國
327.42　　　　　　　　　　97025355

大師系列 11

大師教你輕鬆看懂農民曆

作　　者／周鎮亞
美術構成／林美琪
校　　對／周英嬌、楊安妮
發 行 人／賴秀珍
榮譽總監／張錦基
總 編 輯／何南輝
出　　版／知青頻道出版有限公司
發　　行／紅螞蟻圖書有限公司
地　　址／台北市內湖區舊宗路二段121巷28號4F
網　　站／www.e-redant.com
郵撥帳號／1604621-1　紅螞蟻圖書有限公司
電　　話／(02)2795-3656 (代表號)
傳　　眞／(02)2795-4100
登 記 證／局版北市業字第796號
數位閱聽／www.onlinebook.com
港澳總經銷／和平圖書有限公司
地　　址／香港柴灣嘉業街12號百樂門大廈17F
電　　話／(852)2804-6687
新馬總經銷／諾文文化事業私人有限公司
新 加 坡／TEL:(65)6462-6141　FAX:(65)6469-4043
馬來西亞／TEL:(603)9179-6333　FAX:(603)9179-6060
法律顧問／許晏賓律師
印 刷 廠／鴻運彩色印刷有限公司
出版日期／2009年 4 月　第一版第一刷

定價 320 元　港幣 107 元

ISBN 978-986-6643-61-3　　　　　　Printed in Taiwan